高等学校艺术设计专业课程改革教材

室内空间设计

（第4版）

主　编　文　健　胡　娉

副主编　王　博　石树勇　张传海

清华大学出版社

北京交通大学出版社

·北京·

内容简介

本书分为四章：第一章介绍室内空间设计原理，从室内设计概述、程序和室内空间设计概述、类型及分割、造型要素进行分类讲解；第二章介绍人体工程学与室内设计；第三章介绍居住空间设计，结合大量的工程实景图片和设计手稿，全面讲解玄关和客厅、卧室、餐厅、书房、厨房和卫生间等室内居住空间的设计方法；第四章介绍商业空间设计，主要从办公空间、餐饮空间和娱乐空间三个角度进行分类讲解。

本书图片新颖，资料丰富，简明实用，可作为应用型本科院校和高职高专类院校室内设计、环境艺术设计和建筑装饰设计专业的教材，还可以作为行业爱好者的自学辅导用书。

图书在版编目（CIP）数据

室内空间设计 / 文健，胡娉主编. -- 4版. -- 北京 : 北京交通大学出版社 : 清华大学出版社，2024. 11.
ISBN 978-7-5121-5394-3

Ⅰ. TU238.2

中国国家版本馆CIP数据核字第2024BT1688号

室内空间设计
SHINEI KONGJIAN SHEJI

责任编辑：吴嫦娥
出版发行：清 华 大 学 出 版 社　　邮编：100084　　010-62776969
出版发行：北京交通大学出版社　　邮编：100044　　010-51686414
印 刷 者：北京虎彩文化传播有限公司
经　　销：全国新华书店
开　　本：210 mm × 285 mm　　印张：9　　字数：318千字
版 印 次：2007年11月第1版　　2024年11月第4版　　2024年11月第1次印刷
定　　价：59.00元

本书如有质量问题，请向北京交通大学出版社质监组反映。对您的意见和批评，我们表示欢迎和感谢。
投诉电话：010-51686043，51686008；传真：010-62225406；E-mail：press@bjtu.edu.cn。

前 言

“室内空间设计”是室内设计专业的一门必修专业课。室内空间设计是对室内空间进行的规划、布置和造型设计，涉及风格、类型、造型要素、比例、尺寸、通风、采光、材质等各个方面；同时，也是室内设计专业教学实施过程中针对学生在空间想象能力、空间思维能力和空间设计能力培养方面进行的基础训练。室内空间设计的学习有利于提升学生的空间认知能力和艺术创造力，为今后从事具体的室内设计工作打下良好的基础。

本教材从2007年第1次出版以来深受读者欢迎，于2012年、2019年分别修订出版了第2版和第3版，现在对教材进行第4次再版修订。本次修订强化了室内空间设计作为室内设计教学体系中前沿性课程与后续专业课程之间的联系和衔接，将室内空间设计教学与后续的专业设计，如住宅空间室内设计、办公空间室内设计、餐饮空间室内设计和娱乐空间室内设计有机地结合起来，使室内空间设计的教学更具实用性和实战性，与后续专业设计以及教学体系之间的联系更加紧密，更有利于学生运用所学的室内空间设计知识解决室内设计实践中的具体问题，提高学生的设计思维能力和设计创新能力。此外，第4版修订注重理论知识与实践能力培养的有效结合，力求提高学生的学习理解能力和实践动手能力。教材中选用的经典案例都是实际的室内空间设计项目，实用性极高。

本次教材修订严格按照应用型本科院校人才培养方案规定的培养目标进行，注重理论分析与实践表达的有机结合，将设计创新能力和设计表现能力培养作为训练的项目和任务，促进学生的设计创新思维建立和设计表现能力的提高；同时，注重对室内空间设计教学典型案例的分析与提炼，工学结合，按照由易到难、由简单到复杂的规律逐步训练学生的空间思维设计和空间创新设计能力。

本次教材修订得到了广州城建职业学院建筑工程学院广大师生的大力支持和帮助，在此表示衷心的感谢。由于编者的学术水平有限，本书可能存在一些不足之处，敬请读者批评指正。

文 健

2024.10

目 录

第一章 室内空间设计原理

第一节　室内设计概述

图片欣赏

一、室内设计的概念和特点

室内设计是根据建筑空间的使用性质，运用物质技术手段，以满足人的物质与精神需求为目的而进行的空间创造活动。

关于室内设计，中外优秀的设计师有许多好的观点和看法。建筑师戴念慈先生认为“室内设计的本质是空间设计，室内设计就是对室内空间的物质技术处理和美化”。美国前室内设计协会主席亚当认为“室内设计的主要目的是给予各种处在室内环境中的人以舒适和安全，因此室内设计与生活息息相关，室内设计不能脱离生活，而盲目地运用物质材料去粉饰空间”。建筑师 E. 巴诺玛列娃认为“室内设计应该以满足人在室内的生产需求、生活需求，以功能的实用性为设计的主要目的”。

室内设计是一门综合性学科，它所涉及的范围非常广泛，包括声学、力学、光学、美学、哲学、心理学和色彩学等知识。它也具有鲜明的特点，具体如下所述。

1. 室内设计强调“以人为本”的设计宗旨

室内设计的主要目的就是创造舒适美观的室内环境，满足人们多元化的物质和精神需求，确保人们在室内的安全和身心健康，综合处理人与环境、人际交往等多项关系，科学地了解人们的生理、心理特点和视觉感受对室内环境设计的影响。

2. 室内设计是工程技术与艺术的结合

室内设计强调工程技术和艺术创造的相互渗透与结合，运用各种艺术和技术的手段，使设计达到最佳的空间效果，创造出令人愉悦的室内空间环境。科学技术不断进步，使人们的价值观和审美观产生了较大的改变，对室内设计的发展也起到了积极的推动作用，新材料、新工艺的不断涌现和更新，为室内设计提供了无穷的设计素材和灵感，运用这些物质技术手段结合艺术的美学创造出具有表现力和感染力的室内空间形象，使室内设计更加为大众所认同和接受。

3. 室内设计是一门可持续发展的学科

室内设计的一个显著特点就是它对由于时间的推移而引起的室内功能的改变显得特别突出和敏感。当今社会生活节奏日益加快，室内的功能也趋于复杂和多变，装饰材料、室内设备的更新换代不断加快，室内设计的“无形折旧”更趋明显，人们对室内环境的审美也随着时间的推移而不断改变。这就要求室内设计师必须时刻站在时代的前沿，创造出具有时代特色和文化内涵的室内空间。

室内设计图片欣赏见图 1–1～图 1–6。

图 1-1　自然风格餐厅设计

图 1-2　古典风格会所设计

图 1-3　现代风格办公空间设计

图 1-4　现代风格酒店客房设计

图 1-5　中式古典风格会客厅设计

图 1-6　欧式古典风格会客厅设计

二、室内设计师的职责与素养

室内设计师的职业是为人们创造舒适、美观的室内环境，这种职业特点决定了室内设计师所服务的对象主要是人。因此，人的不同年龄、职业、爱好和审美倾向等因素制约着室内设计师的工作。室内设计师的职责就在于必须满足不同的人对室内空间的不同审美要求：有的人喜欢古典风格，雍容、华贵；有的人喜欢简约风格，休闲、轻松；有的人喜欢现代风格，时尚、激情；有的人喜欢乡土风格，自然、野性。客观上，人人都满意的设计是不存在的，室内设计师必须善于把握主流性的审美倾向，全面系统地分析客户的实际情况和提出的要求，设计出具有共性的、能够为客户接受的室内设计方案。归纳起来，室内设计师的职责主要包括以下几个方面。

① 创造合理的内部空间关系。主要是根据空间的尺度对室内空间进行合理的规划、调整和布局，满足室内各空间的功能要求。

② 创造美观、舒适的空间环境。主要是对室内设备、家具、陈设、绿化、造型、色彩和照明等要素进行精心的设计和布置，力求创造出具有较高艺术品位的室内空间环境。

③ 注重体现“以人为本”的设计宗旨，创造出文化品位高、个性特征鲜明的室内空间环境。

为了满足不同客户对室内空间的要求，室内设计师必须具备过硬的专业知识和良好的职业素养。

首先，室内设计师应该具备较强的空间想象能力、空间思维能力和空间表现能力，熟练掌握人体工程学知识，了解装饰材料的性能、样式和价格，并能够将大脑中初步的空间设计方案，通过手绘制图或计算机制图的方式准确而真实地展现在客户面前。只有处理好这些专业上的问题，才能创造出更加完美的空间形式，并最终使自己设计的方案为客户所接受。

其次，室内设计师应该具备较高的艺术修养。绘画是艺术的重要表现形式，绘画能力的高低在一定程度上体现着设计师水平的高低，优秀的室内设计师应该具备较深厚的美术基本功和较高的艺术审美修养。此外，还应该善于吸收民族传统中精髓的部分，善于深入生活，从生活中去获取创造的源泉，不断拓宽自己的创作思路，创造出具有独特艺术魅力的作品。

最后，室内设计师应该具备交叉学科综合应用能力。例如，了解一定的经济与市场营销知识，善于处理各种公共关系，掌握行业标准的变化动态、装饰材料的更新及新技术新工艺的制作技术等。

第二节　室内设计的程序

图片欣赏

室内设计的程序是指完成室内设计项目的步骤和方法，是保证设计质量的前提。室内设计的程序一般分为三个阶段，分别是：设计准备阶段、方案设计阶段和设计实施阶段。

一、设计准备阶段

设计准备阶段的工作具体包括以下内容。

① 接受委托任务书，或根据标书要求参加投标。

② 明确设计期限，制定设计计划，综合考虑各工种的配合和协调。

③ 明确室内设计任务和要求，如室内设计的使用性质、功能特点、等级标准和造价等。

④ 了解室内设计项目所在建筑的基本情况，熟悉室内设计的相关规范和定额标准，并进行现场勘测。

⑤ 在家装设计项目中，还应明确业主的设计意图和要求，并通过与业主的深入交谈，了解业主的性格、年龄、职业、爱好和家庭人口组成等基本情况，再根据掌握的这些信息，对室内空间布置做出适当的分析和构想，以满足业主的愿望和要求。作为一名优秀的室内设计师，既要虚心听取业主对设计的要求和看法，又要通过自己的创造性劳动，引导业主接受自己的设计方案，提升业主的设计审美水平。

⑥ 明确室内设计项目中所需材料的情况，掌握这些材料的价格、质量、规格、色彩、防火等级和环保指标等内容，并熟悉材料的供货渠道。

⑦ 签订设计合同，制定进度安排表，与业主商议并确定设计费。

二、方案设计阶段

方案设计阶段的工作具体包括以下内容。

① 进一步收集、分析和运用与设计任务有关的资料与信息，构思设计方案，并绘制方案草图。

② 确定设计方案，提供设计文件，设计文件主要包括设计说明书和设计图纸，设计图纸主要包括平面图、地材图、天花图、立面图、剖面图、效果图、材料实样图和预算造价表等。

平面图主要反映的是空间的布局关系、家具的基本尺寸、门窗的位置、地面的标高和地面的材料铺设等内容，如图 1–7 所示。

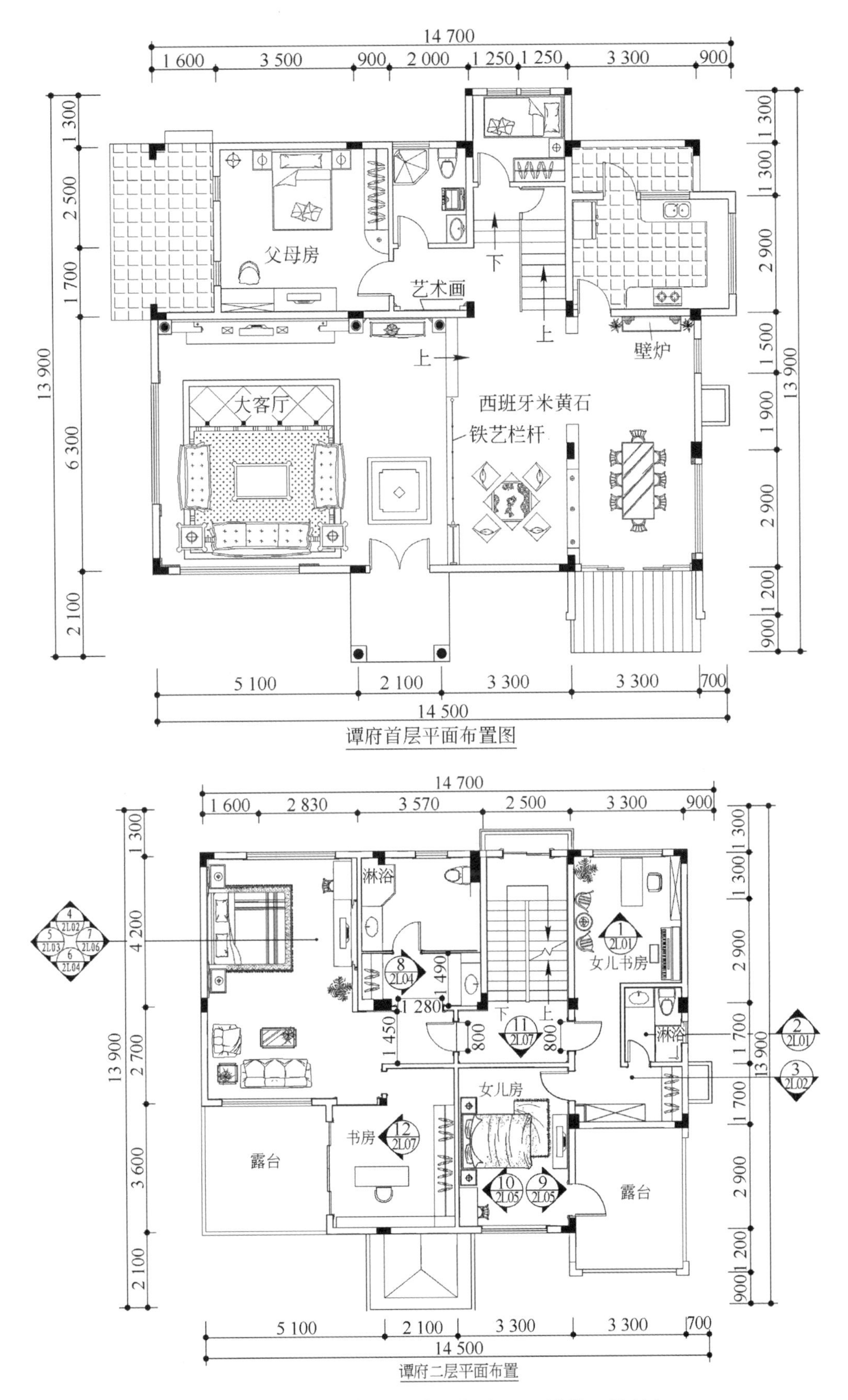

图 1–7　别墅设计平面图（文健、石树勇　设计）

地材图是指室内地面材料的铺贴方案设计图，主要用于地面材料的铺装指引，如图 1–8 所示。

天花图主要反映吊顶的形式、标高和材料，照明线路、灯具和开关的布置，以及空调系统的出风口和回风口位置等内容，如图 1–9 和图 1–10 所示。

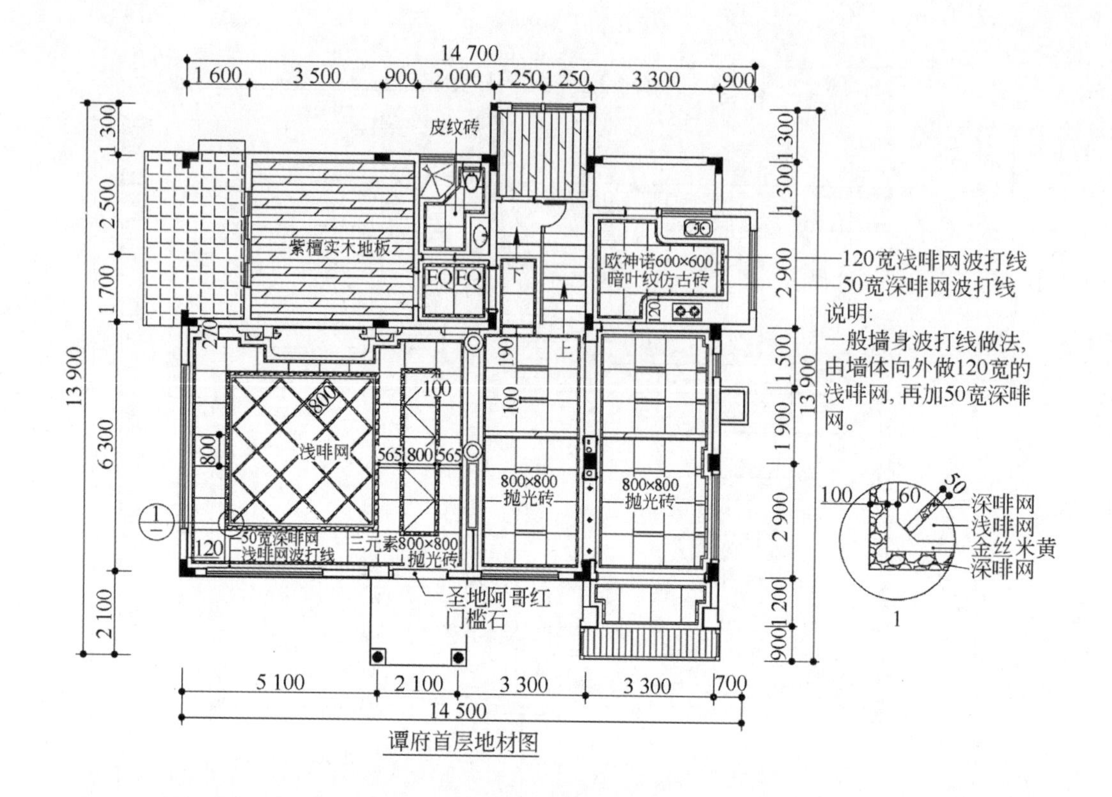

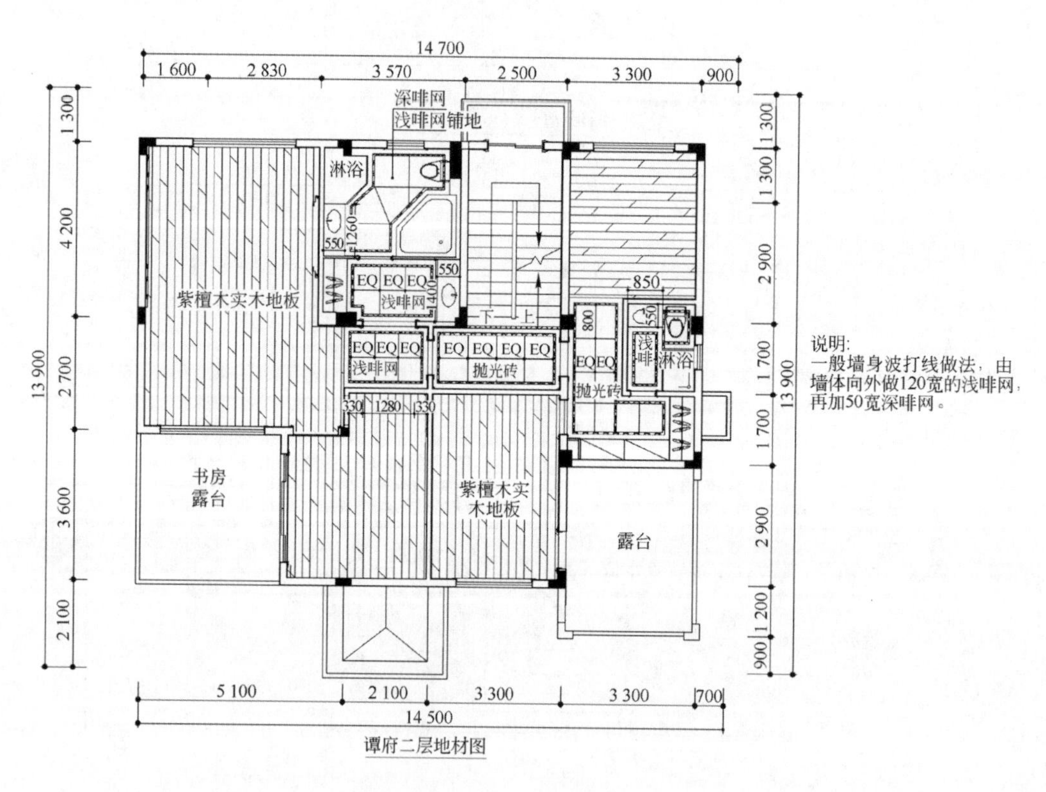

图 1-8　别墅设计地材图（文健、石树勇　设计）

立面图主要反映墙面的长、宽、高的尺度，墙面造型的样式、尺寸、色彩和材料，以及墙面陈设品的形式等内容，如图 1-11～图 1-13 所示。

剖面图主要反映空间的高低落差关系和家具的纵深结构，如图 1-14和图 1-15 所示。

效果图是通过绘画的手段，按照透视和比例关系绘制出来的三维立体图纸。它能形象直观地反映设计构思，展现整体空间的气氛和效果，是设计师和业主之间沟通的最好媒介和桥梁。各种效果图如图 1-16～图 1-21 所示。

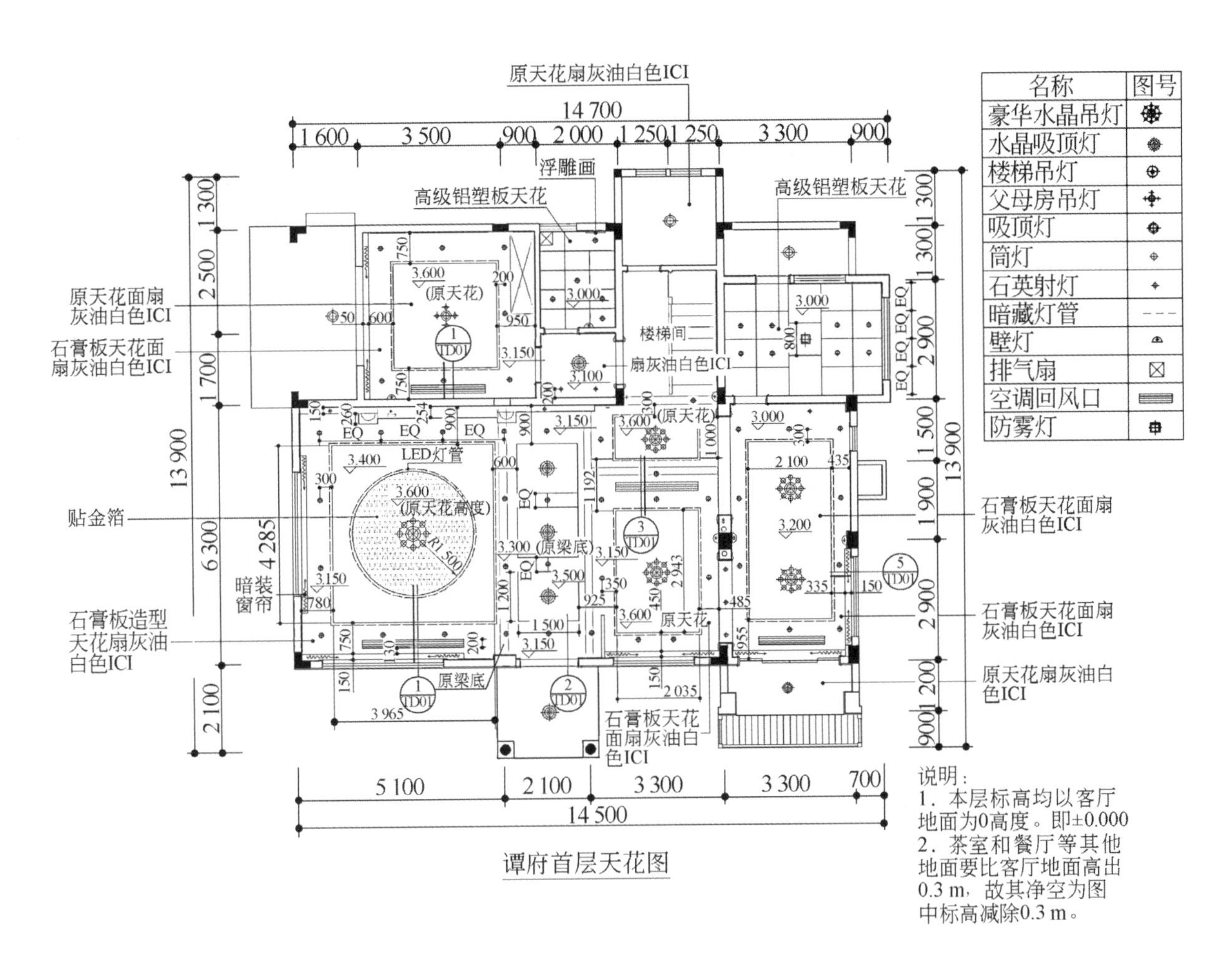

名称	图号
豪华水晶吊灯	
水晶吸顶灯	
楼梯吊灯	
父母房吊灯	
吸顶灯	
筒灯	
石英射灯	
暗藏灯管	
壁灯	
排气扇	
空调回风口	
防雾灯	

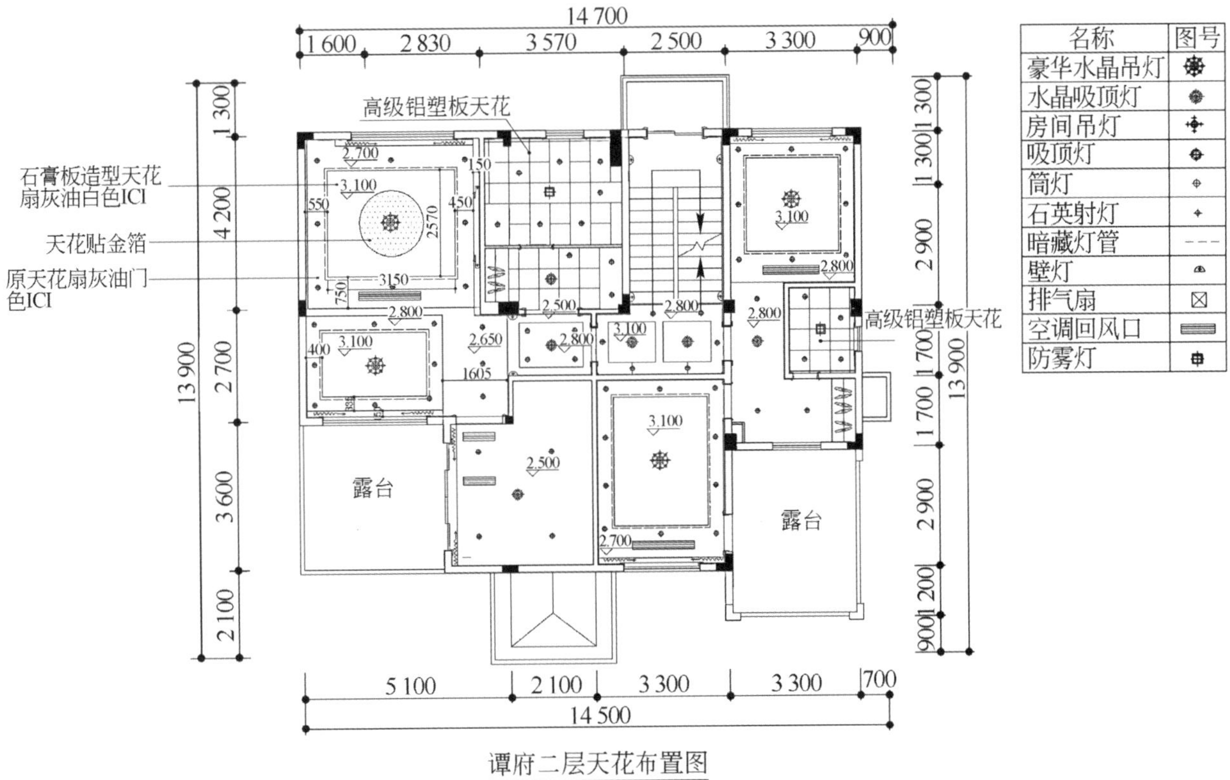

名称	图号
豪华水晶吊灯	
水晶吸顶灯	
房间吊灯	
吸顶灯	
筒灯	
石英射灯	
暗藏灯管	
壁灯	
排气扇	
空调回风口	
防雾灯	

图 1-9　别墅设计天花图（1）（文健、石树勇　设计）

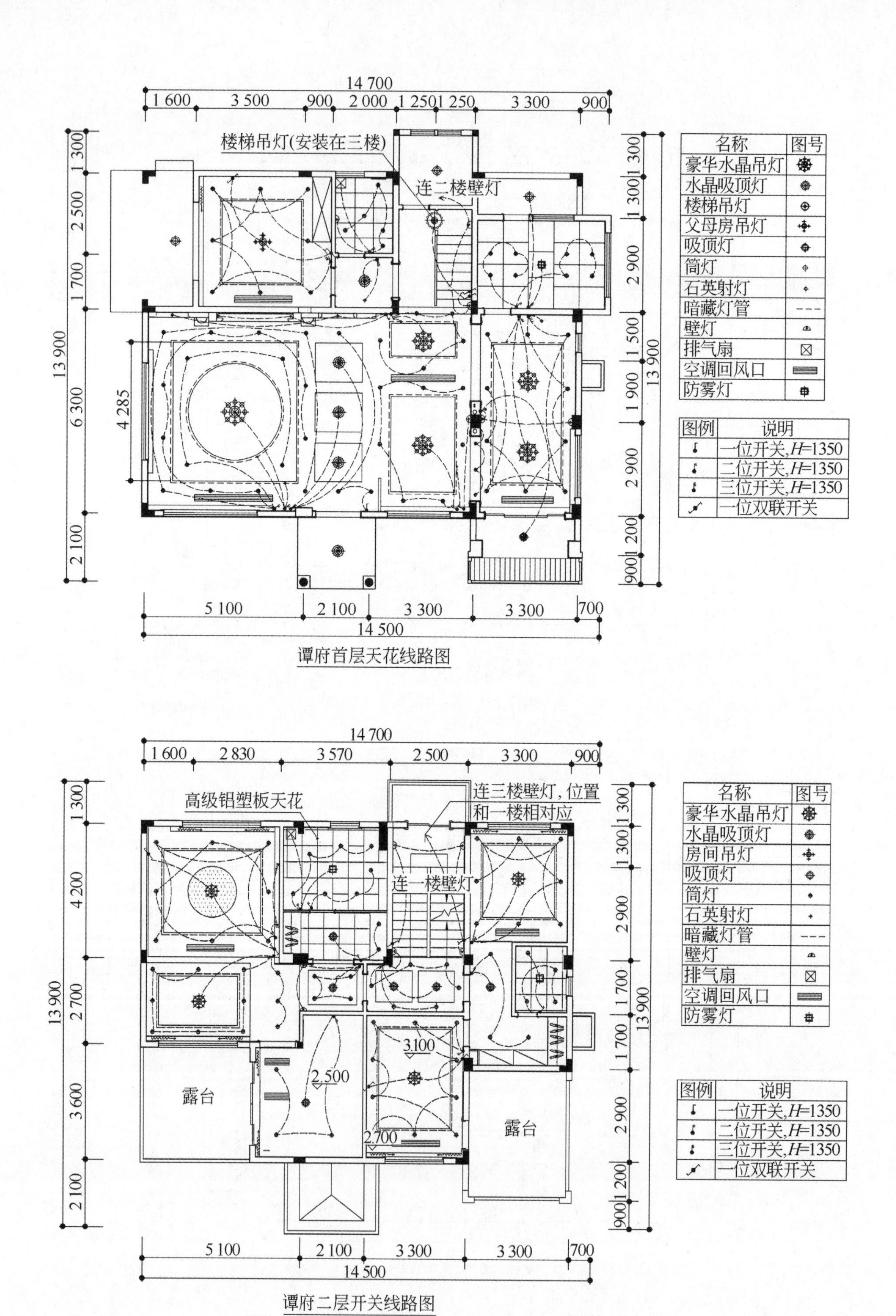

图 1–10 别墅设计天花图（2）（文健、石树勇 设计）

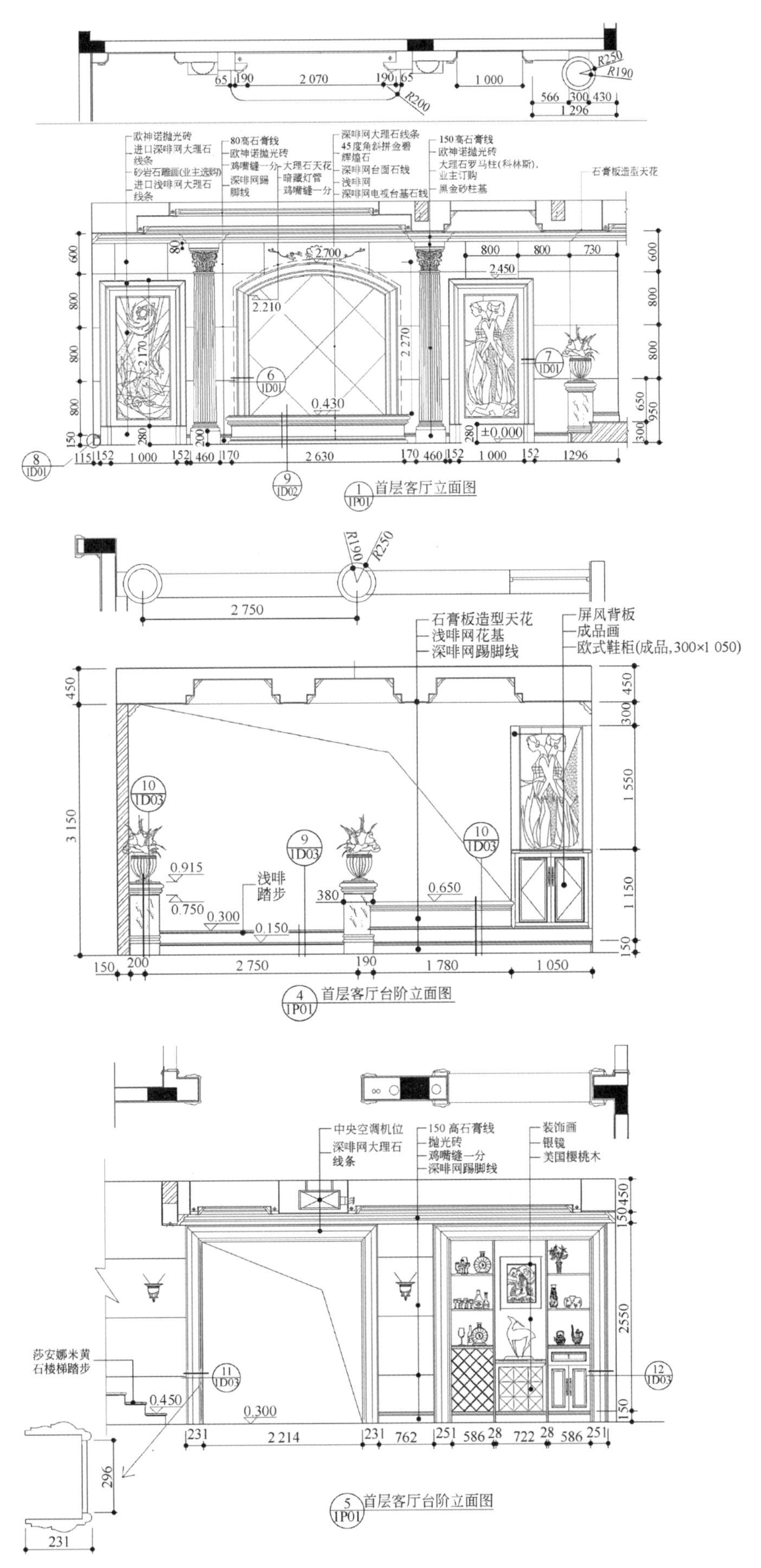

图 1-11　别墅设计立面图（1）（文健、石树勇　设计）

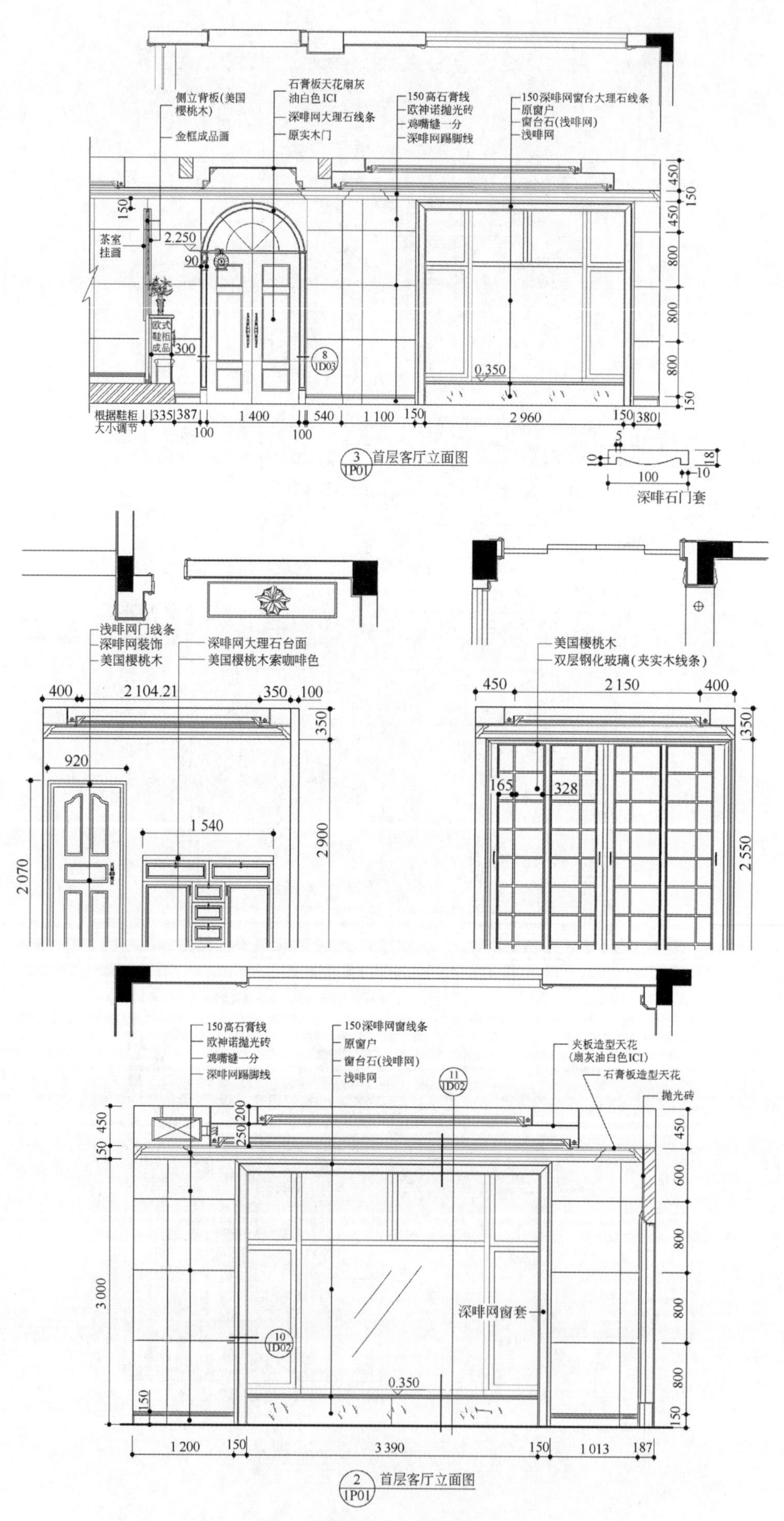

图 1-12 别墅设计立面图（2）（文健、石树勇 设计）

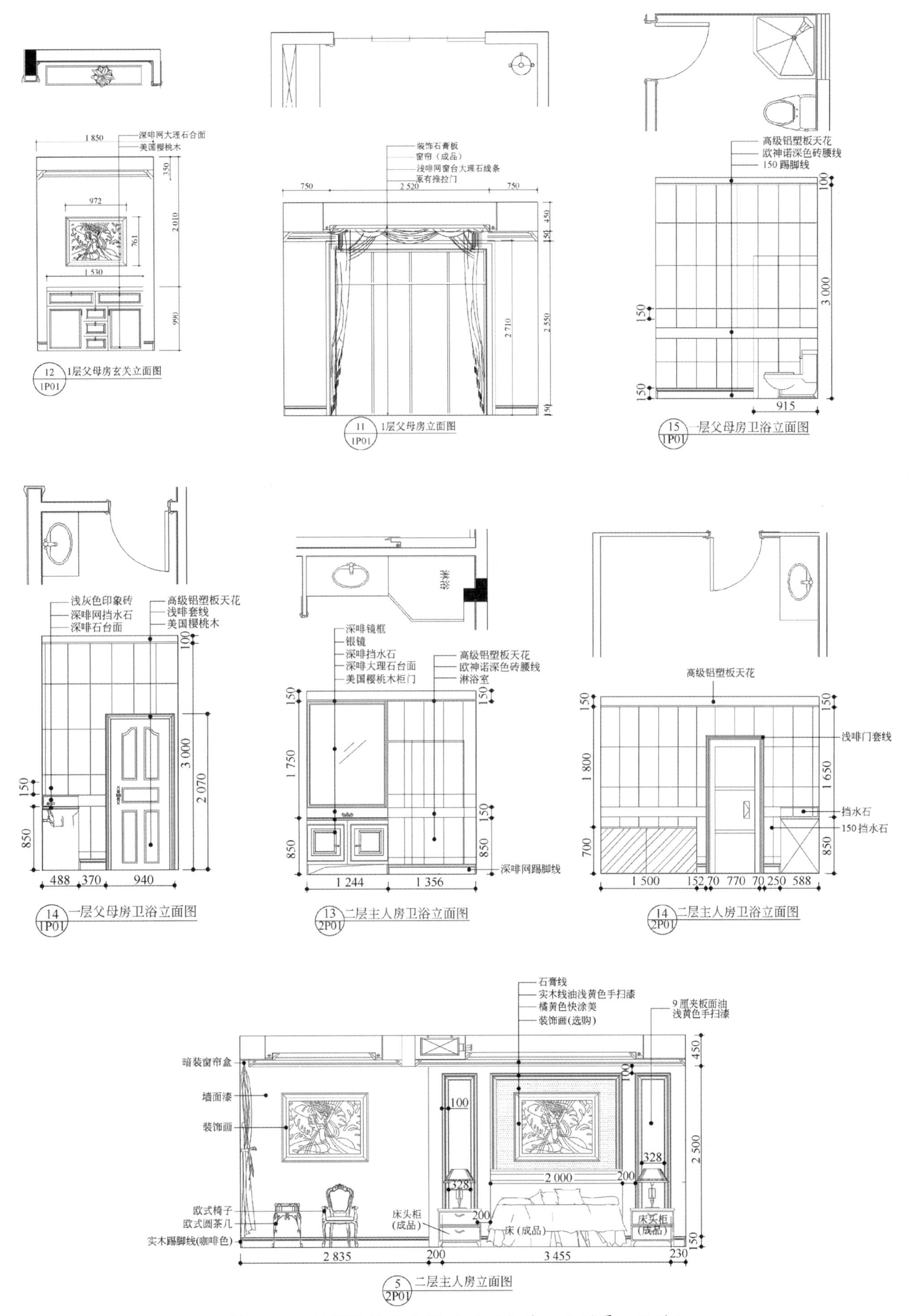

图 1–13　别墅设计立面图（3）（文健、石树勇　设计）

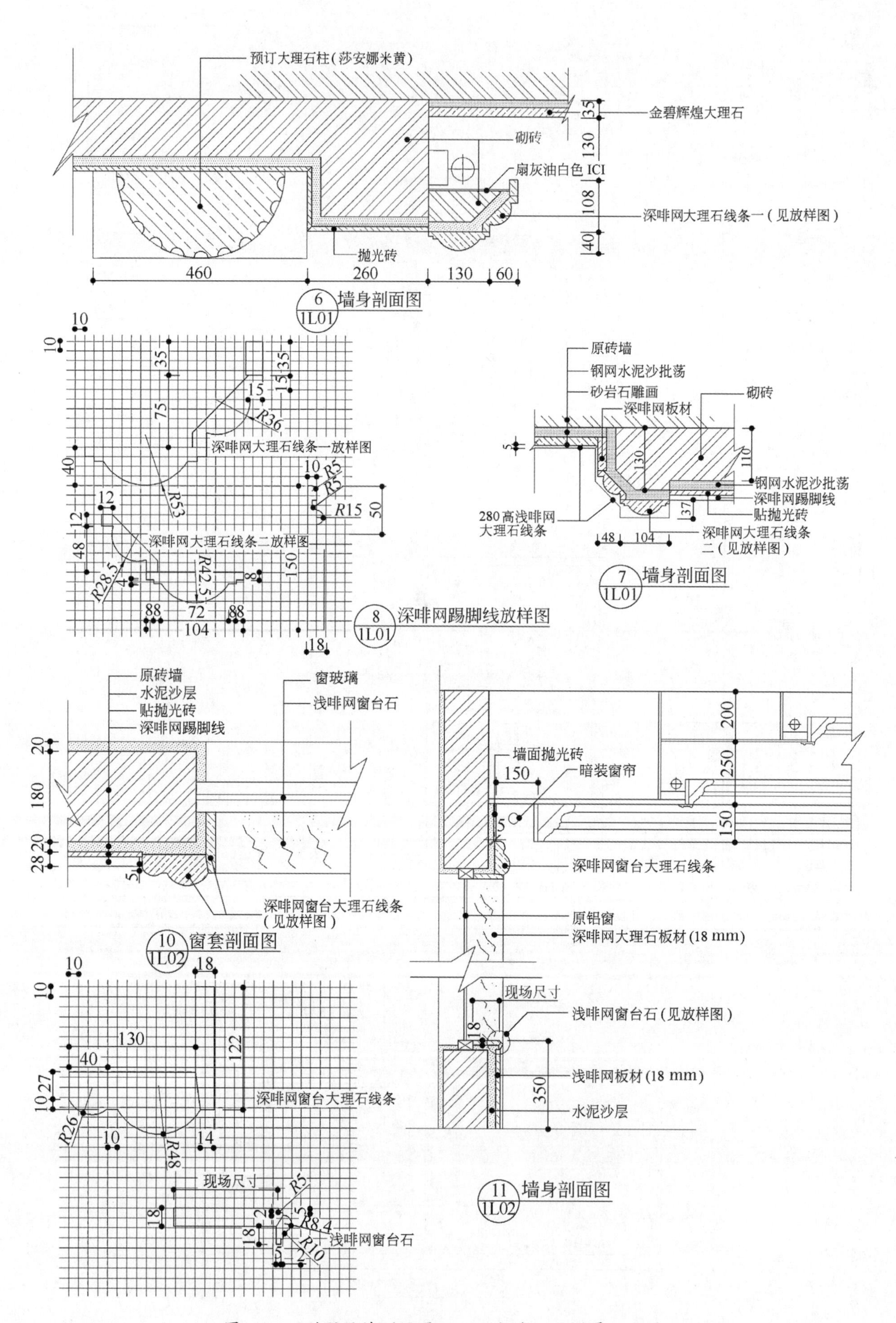

图 1-14　别墅设计剖面图（1）（文健、石树勇　设计）

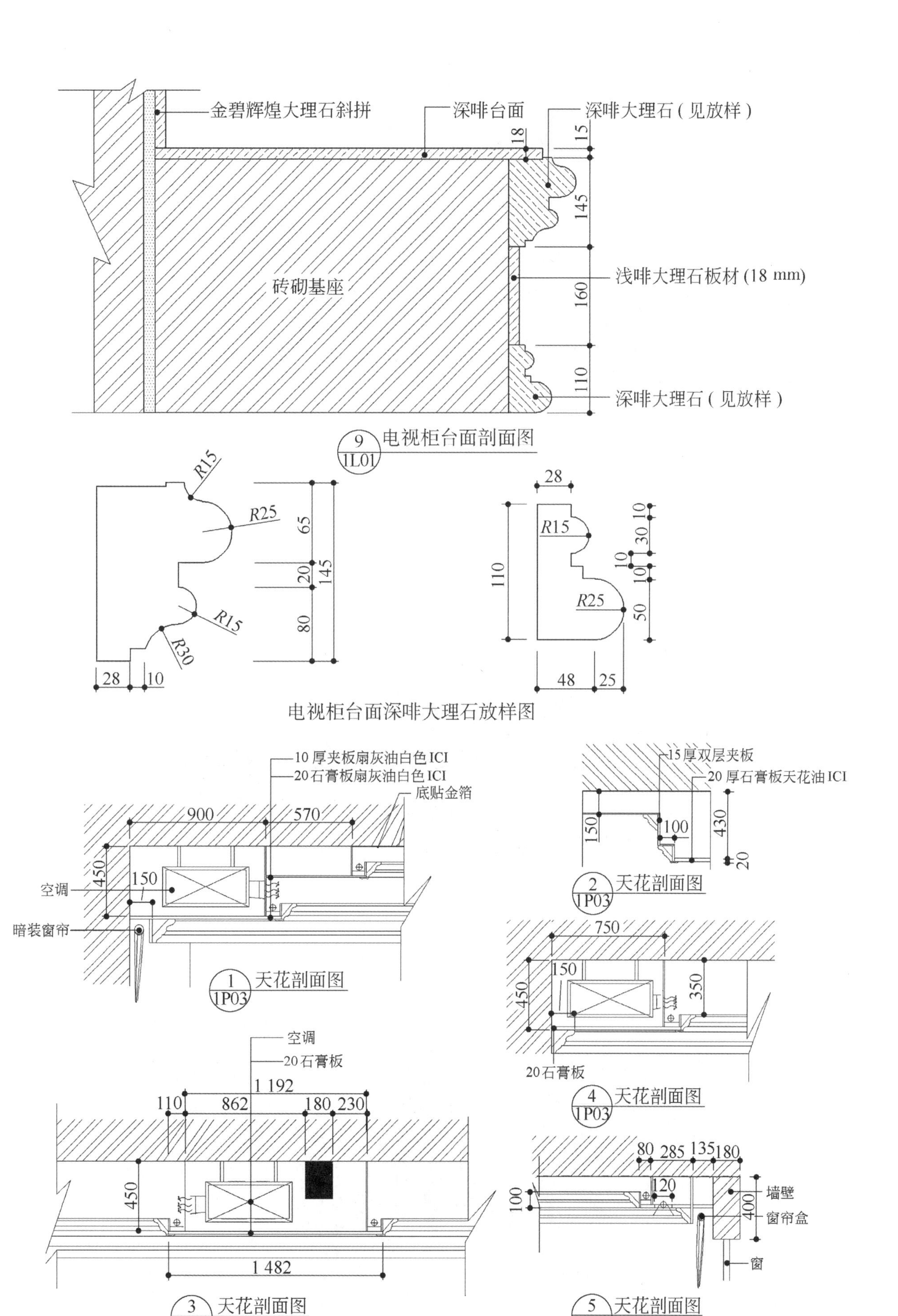

图 1-15　别墅设计剖面图（2）（文健、石树勇　设计）

图 1-16　展厅手绘效果图

图 1-17　KTV 手绘效果图

图 1–18　客厅手绘效果图

图 1–19　餐厅手绘效果图

图 1–20　现代时尚风格酒店大堂效果图设计

图 1–21　欧式古典风格客厅效果图设计

材料实样图主要展示石材、木材和织物等材料的小面积样品，以及室内家具和灯具的实物照片。

③ 施工图的绘制。施工图是用于指导工程施工的图纸，其主要内容包括翔实的平面图、天花图、立面图、剖面图、细部大样图和构造节点图等。设计师应详细地标明这些图纸中相关造型的材料、尺寸和做法。

三、设计实施阶段

设计实施阶段是设计师通过与施工单位的合作，将设计图纸转化为实际工程效果的过程。在这一阶段，设计师应该与施工人员进行广泛的沟通和交流，及时解答施工人员所遇到的问题，并进行合理的设计调整和修改，在合同规定的期限内保质保量地完成工程项目。

第三节　室内空间设计概述

图片欣赏

一、室内空间设计的概念

室内空间是人类劳动的产物，是人类在漫长的劳动过程中不断完善和创造的建筑内部环境形式。室内空间设计就是对建筑内部空间进行合理的规划和再创造。

二、室内空间的功能

室内空间的功能包括物质功能和精神功能两方面。室内空间的物质功能表现为对室内通风、采光、隔声和隔热等物理环境需求的设计；室内空间的精神功能表现为室内的审美理想，包括对文化心理、民族风俗和风格特征等精神功能需求的设计，使人获得精神上的满足和享受。

对于室内空间的审美，不同的人有着不同的要求，室内设计师要根据不同的群体合理地变化，在满足业主要求的基础上，积极引导业主提高对空间美感的理解，努力创造尽善尽美的室内空间形式。室内空间的美感主要体现在形式美和意境美两个方面。空间的形式美主要表现在空间构图上，如统一与变化、对比与协调、韵律与节奏、比例与尺度等。空间的意境美主要表现在空间的性格和个性上，强调空间范围内的环境因素与环境整体，保持时间和空间的连续性，建立和谐的对话关系。

三、室内空间设计的基本内容

室内空间设计主要包含两个方面的内容。

1. 空间的组织、调整和再创造

空间的组织、调整和再创造是指根据不同室内空间的功能需求对室内空间进行的区域划分、重组和结构调整。室内设计的任务就是对室内空间的完善和再创造。

2. 空间界面的设计

空间的界面是指围合空间的地面、墙面和顶面。空间界面的设计就是要根据界面的使用功能和美学要求对界面进行艺术化的处理，包括运用材料、色彩、造型和照明等技术与艺术手段，达到功能与美学效果的完美统一。空间设计示例如图 1–22～图 1–24 所示。

图 1–22　家装室内空间设计

图 1-23　立面造型独特的公装空间设计

图 1-24　地面装饰独特的公装空间设计

第四节　室内空间的类型及分割

图片欣赏

一、室内空间的类型

室内空间的类型是根据建筑空间的内在和外在特征来进行区分的，整体上可以划分为内部空间和外部空间两大类，具体可以划分为以下几个类型。

1. 开敞空间与封闭空间

开敞空间是一种建筑内部与外部联系较紧密的空间类型。其主要特点是墙体面积少，采用大开洞和大玻璃门窗的形式，强调空间环境的交流，室内与室外景观相互渗透，讲究对景和借景。开敞空间是外向型的，限制性与私密性较弱，收纳性与开放性较强。开敞空间如图 1–25 ～图 1–26 所示。

图 1–25　开敞空间（1）

图 1–26　开敞空间（2）

封闭空间是一种建筑内部与外部联系较少的空间类型。封闭空间是内向型的，体现出静止、凝滞的效果，具有领域感和安全感，私密性较强，有利于隔绝外来的各种干扰。为防止封闭空间的单调感和沉闷感，室内可以采用设置镜面增强反射效果、灯光造型设计和人造景窗等手法来处理空间界面。封闭空间如图 1-27 所示。

图 1-27　封闭空间

2. 静态空间和动态空间

静态空间是一种空间形式非常稳定、静止的空间类型。其主要特点是空间较封闭，限定度较高，私密性较强，构成比较单一，多采用对称、均衡和协调等表现形式，色彩素雅，造型简洁。静态空间如图 1–28 所示。

图 1–28　静态空间

动态空间是一种空间形式非常活泼、灵动的空间类型。其主要特点是空间呈现出多变性和多样性，动感较强，有节奏感和韵律感，空间形式较开放。多采用曲线和曲面等表现形式，色彩明亮、艳丽。营造动态空间可以通过以下几种手法：①利用自然景观，如喷泉、瀑布和流水等；②利用各种物质技术手段，如旋转楼梯、自动扶梯和升降平台等；③利用动感较强、光怪陆离的灯光；④利用生动的背景音乐；⑤利用文字的联想。动态空间如图 1–29 和图 1–30 所示。

图 1–29　动态空间（1）

图 1–30　动态空间（2）

3. 虚拟空间

虚拟空间是一种无明显界面，但又有一定限定范围的空间类型。它是在已经界定的空间内，通过界面的局部变化而再次限定的空间形式，即将一个大空间分隔成许多小空间。其主要特点是空间界定性不强，可以满足一个空间内的多种功能需求，并创造出某种虚拟的空间效果。虚拟空间多采用列柱隔断、水体分隔，家具、陈设和绿化隔断及色彩、材质分隔等形式对空间进行界定和再划分。虚拟空间如图 1–31 和图 1-32 所示。

图 1–31　虚拟空间（1）

图 1–32　虚拟空间（2）

4. 下沉式空间与地台空间

下沉式空间是一种领域感、层次感和围护感较强的空间类型。它是将室内地面局部下沉，在统一的空间内产生一个界限明确、富有层次变化的独立空间。其主要特点是空间界定性较强，有一定的围护效果，给人以安全感，中心突出，主次分明。下沉式空间如图 1–33 所示。

图 1–33　下沉式空间

地台空间是将室内地面局部抬高，使其与周围空间相比变得醒目与突出的一种空间类型。其主要特点是方位感较强，有升腾、崇高的感觉，层次丰富，中心突出，主次分明。地台空间如图 1-34 所示。

图 1-34　地台空间

5. 凹入空间与外凸空间

凹入空间是指将室内墙面局部凹入，形成墙面进深层次的一种空间类型。其主要特点是私密性和领域感较强，有一定的围护效果，可以极大地丰富墙面装饰效果。其中，凹入式壁龛是室内界面设计中用于处理墙面效果常见的设计手法，它使墙面的层次更加丰富，视觉中心更加明确。此外，在室内天花的处理上也常用凹入式手法来丰富空间层次。凹入空间如图 1–35 和图 1–36 所示。

图 1–35　凹入空间（1）

图 1-36　凹入空间（2）

外凸空间是指将室内墙面的局部凸出，形成墙面进深层次的一种空间类型。其主要特点是外凸部分视野较开阔，领域感强。现代居室设计中常见的飘窗就是外凸空间的一种，它使室内与室外景观更好地融合在一起，采光也更加充足。外凸空间如图 1–37 所示。

图 1–37　外凸空间

6. 结构空间和交错空间

结构空间是一种通过对建筑构件进行暴露来表现结构美感的空间类型。其主要特点是现代感、科技感较强，整体空间效果较质朴。结构空间如图 1–38 和图 1–39 所示。

图 1–38　结构空间（1）

图 1-39　结构空间（2）

交错空间是一种具有流动效果，相互渗透、穿插交错的空间类型。其主要特点是空间层次变化较大，节奏感和韵律感较强，有活力，有趣味。交错空间如图 1-40 和图 1-41 所示。

图 1-40　交错空间（1）

图 1-41　交错空间（2）

7. 共享空间

共享空间是由建筑师波特曼首创的，在世界上享有极高的盛誉。共享空间是将多种空间体系融合在一起，在空间形式的处理上采用“大中有小，小中有大”，内外镶嵌、相互穿插的手法，形成层次分明、丰富多彩的空间环境。共享空间如图 1–42 所示。

图 1–42　共享空间

二、空间的分割

室内空间的分割可根据功能要求进行划分，在满足功能要求的基础上，加入更多的精神内涵，利用物质的多样性，巧妙加入丰富的造型手法，使空间呈现出平面的、立体的、相互穿插的、多姿多彩的形式；利用光影的变化，产生明暗、虚实、繁简的空间形态；利用建筑美学手段，使空间表现出大小、高低、曲折等变化，营造出耐人寻味的空间美感。

1. 封闭式分割

封闭式分割是使用实体墙来分割空间的形式。这种分割方式可以对声音、光线和温度进行全方位的控制，私密性较好，独立性强，多用于卧室、餐厅包房和 KTV 包房等私密性要求较高的空间，如图 1–43 所示。

图 1–43　封闭式分割的室内空间

2. 局部分割

局部分割是指使用非实体墙的手段来分割空间的形式，如家具、屏风、绿化、灯具和隔断等。局部分割可以把大空间划分成若干小空间，使空间更加通透、连贯，如图 1–44 所示。

图 1–44　局部分割的室内空间

3. 软隔断分割

软隔断是指用竹子、珠帘、帷幔或特制的连接帘等软装饰来分割空间的形式。这种分割方式方便灵活，装饰性较强，如图 1–45 所示。

图 1–45　软隔断分割的室内空间

第五节　室内空间的造型要素

图片欣赏

在室内空间设计中，空间的效果由各种要素组成，这些要素包括色彩、照明、造型、图案和材质等。造型是其中最重要的一个环节，造型由点、线、面三个基本要素构成。

1. 点

点是相对于面而言的。点是静态的、无方向的。点在空间设计中有非常突出的作用。单独的点具有强烈的聚焦作用，可以成为室内的中心；对称排列的点给人以均衡感；连续的、重复的点给人以节奏感和韵律感；不规则排列的点，给人以方向感和方位感。

点在空间中无处不在，一盏灯、一盆花或一张沙发，都可以看作一个点。点既可以是一件工艺品，宁静地摆放在室内；也可以是闪烁的烛光，给室内带来韵律和动感。点可以增加空间层次，活跃室内气氛，如图 1–46 和图 1–47 所示。

图 1–46　点在室内空间中的应用（1）

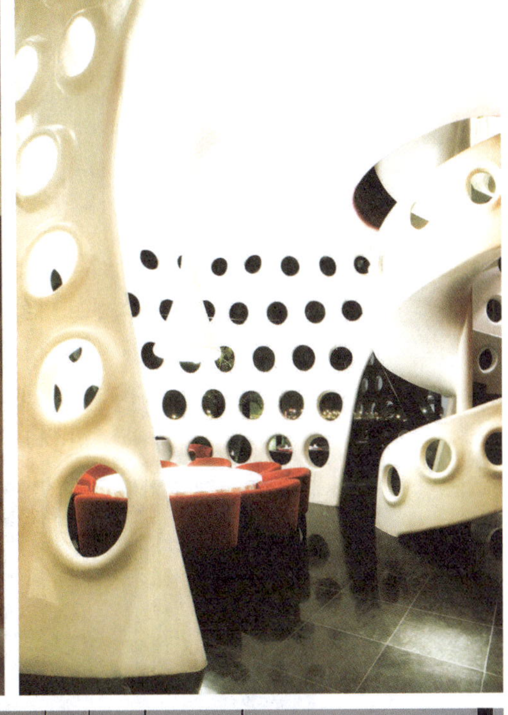

图 1–47　点在室内空间中的应用（2）

2. 线

线是点移动的轨迹，点连接形成线。线有长短、宽窄和曲直之分，在空间设计中具有重要的作用。

1）直线

直线具有男性的特征，刚直挺拔，力度感较强。直线分为水平线、垂直线和斜线。水平线使人觉得宁静和轻松，给人以稳定的感觉，可以使空间更加开阔，在层高偏高的空间中通过水平线可以造成空间降低的感觉；垂直线给人以向上升腾的感觉，使空间的伸展感增强，在低矮的空间中使用垂直线，可以造成空间增高的感觉；斜线具有较强的方向性和强烈的动感特征，使空间产生速度感和上升感。如图 1–48 ～图 1–50 所示。

2）曲线

曲线具有女性的特征，柔软丰满，轻松幽雅。曲线分为几何曲线和自由曲线。几何曲线包括圆、椭圆和抛物线等规则型曲线，具有均衡、秩序和规整的特点；自由曲线是一种不规则的曲线，包括波浪线、螺旋线和水纹线等，富于变化和动感，具有自由、随意和优美的特点。在室内空间设计中，经常运用曲线来表现轻松、自由的空间效果，如图 1–51 ～图 1–54 所示。

图 1–48　水平线在空间中的应用

图 1-49　垂直线在空间中的应用

图 1-50　斜线在室内空间中的应用

图 1-51　几何曲线在空间中的应用

图 1-52　自由曲线在空间中的应用（1）

图 1–53　自由曲线在空间中的应用（2）

图 1–54　几何曲线在庭院中的应用

3. 面

线移动的轨迹形成面，面分为规则的面和不规则的面。规则的面包括对称的面、重复的面和渐变的面等，具有和谐、规整和秩序的特点；不规则的面包括对比的面、自由性的面和偶然性的面等，具有变化、生动和趣味的特点。如图 1–55 ～图 1–59 所示。

1）表现结构的面

即运用结构外露的处理手法形成的面。这种面具有较强的现代感和粗犷的美感，结构本身还体现了一种力量，形成连续的节奏感和韵律感，如图 1–60 和图 1–61 所示。

图 1-55　重复的面

图 1-56　对称的面

图 1–57　渐变的面

图 1–58　对比的面（1）

图 1–59　对比的面（2）

图 1-60　表现结构的面（1）

图 1–61　表现结构的面（2）

2）表现层次变化的面

即运用凹凸变化、深浅变化和色彩变化等处理手法形成的面。这种面具有丰富的层次感和体积感，如图 1–62 和图 1–63 所示。

图 1–62　色彩变化的面

图 1–63　凹凸变化的面

3）表现动感的面

即使用动态造型元素设计而成的面，如旋转而上的楼梯、波浪形的天花造型和自由的曲面效果等。动感的面具有灵动、优美的特点，表现出活力四射、生机勃勃的感觉，如图 1–64 和图 1–65 所示。

图 1–64　表现动感的面（1）

图 1-65　表现动感的面（2）

4）表现质感的面

即通过表现材料肌理质感变化而形成的面。这种面具有粗犷、自然的美感，如图 1–66 和图 1–67 所示。

图 1–66　表现质感的面（1）

图 1-67　表现质感的面（2）

5）主题性的面

即为表达某种主题而设计的面。例如：在博物馆、纪念馆、主题餐厅和公司入口等场所经常出现的主题墙，如图 1-68 和图 1-69 所示。

图 1-68　主题性的面（1）

图 1-69　主题性的面（2）

6）倾斜的面

即运用倾斜的处理手法来设计的面。这种面给人以新颖、奇特的感觉，如图 1-70 和图 1-71 所示。

图 1-70　倾斜的面（1）

图 1–71　倾斜的面（2）

7）仿生的面

即模仿自然界动植物形态设计而成的面。这种面给人以自然、朴素和纯净的感觉，如图 1–72 和图 1–73 所示。

图 1–72　仿生的面（1）

图 1-73　仿生的面（2）

8）表现光影的面

即运用光影变化效果来设计的面。这种面给人以虚幻、灵动的感觉，如图 1–74 所示。

图 1–74　表现光影的面

9）同构的面

即同一种形象经过夸张、变形，应用于另一种场合的设计手法。同构的面给人以新奇、戏谑的效果，如图 1–75 所示。

图 1–75　同构的面

10）渗透的面

即运用半通透的处理手法形成的面。这种面给人以顺畅、延续的感觉。如图 1-76 ～图 1-78 所示。

图 1-76　渗透的面（1）

图 1-77　渗透的面（2）

图 1-78 渗透的面（3）

11）趣味性的面

即利用带有娱乐性和趣味性的图案设计而成的面。这种面给人以轻松、愉快的感觉，如图 1-79 所示。

图 1-79　趣味性的面

12）特异的面

即通过解构、重组和翻转等处理手法设计而成的面。这种面给人以迷幻、奇特的感觉，如图 1-80 所示。

图 1-80　特异的面

13）视错觉的面

即利用材料的反射性和折射性制造出视错觉和幻觉的面。这种面给人以新奇、梦幻的感觉，如图 1–81 所示。

图 1–81 视错觉的面

14）表现重点的面

即在空间中占主导地位的面。这种面给人以集中、突出的感觉，如图 1–82 所示。

图 1–82　表现重点的面

15）表现节奏和韵律的面

即利用有规律的、连续变化的形式设计的面。这种面给人以活泼、愉悦的感觉，如图 1-83 和图 1-84 所示。

图 1-83　表现节奏和韵律的面（1）

图 1–84　表现节奏和韵律的面（2）

综上所述，空间是由诸多元素构成的，其中点、线、面是组成空间的基本元素，它们之间的相互联结、相互渗透才能构成和谐美观的空间形式。

第二章 人体工程学与室内设计

第一节　人体工程学概述

一、人体工程学的含义与发展

人体工程学（human engineering），也称人类工效学、人机工程学、人机工效学、人间工学或工效学（ergonomics）。工效学 ergonomics 原出希腊文“ergo”，即工作、劳动和效果的意思，也可以理解为探讨人们劳动、工作效果和效能的规律性。人体工程学即研究“人 – 机 – 环境”系统中人、机器和环境三大要素之间关系的学科。人体工程学可以为“人 – 机 – 环境”系统中人的最大效能的发挥以及人的健康问题提供理论数据和实施方法。

人体工程学是 20 世纪 40 年代后期发展起来的一门边缘学科，是随着军事及航天的需要发展起来的，其萌芽于第一次世界大战，建立于第二次世界大战结束后，其发展历程如下：

- 1950 年英国成立世界第一个人类工效学学会；
- 1961 年国际人类工效学协会成立；
- 1989 年中国人类工效学协会成立。

当今社会正向着后工业社会和信息社会发展，“以人为本”的思想已经渗透到社会的各个领域。人体工程学强调从人自身出发，在以人为主体的前提下研究人的衣、食、住、行以及生产、生活规律，探知人的工作能力和极限，最终使人们所从事的工作趋向于适应人体解剖学、生理学和心理学的各种特征。“人 - 机 - 环境”是一个密切联系在一起的系统，运用人体工程学主动地、高效率地支配生活环境将是未来设计领域重点研究的一项课题。

应用人体工程学具体到室内设计，以人为主体，运用人体计测、生理、心理计测等手段和方法，研究人体结构功能、心理、力学等方面与室内环境之间的合理协调关系，以适合人的身心活动要求，取得最佳的使用效能，其目标是安全、健康、高效能和舒适。

二、人体工程学的基本数据

人的工作、生活、学习和睡眠等行为千姿百态，有坐、立、仰、卧之分，这些形态在活动过程中会涉及一定的空间尺度范围，这些空间范围按照测量的方法可以分为构造尺寸和功能尺寸。

1. 构造尺寸

构造尺寸是指静态的人体尺寸，是人体处于固定的标准状态下测量出的数据。这些数据包括手臂长度、腿长度和坐高等。它对于与人体有直接接触关系的物体（如家具、服装和手动工具等）有较大的设计参考价值，可以为家具设计、服装设计和工业产品设计提供参考数据。人体构造及尺寸如图 2–1 ～图 2–3 所示。

对图 2–1 中各段说明如下。

（1）身高：指人身体直立、眼睛向前平视时从地面到头顶的垂直距离。

（2）最大人体宽度：指人直立时身体正面的宽度。

（3）垂直手握高度：指人站立时手臂向上伸直能握到的高度。

（4）立正时眼高：指人身体直立、眼睛向前平视时从地面到眼睛的垂直距离。

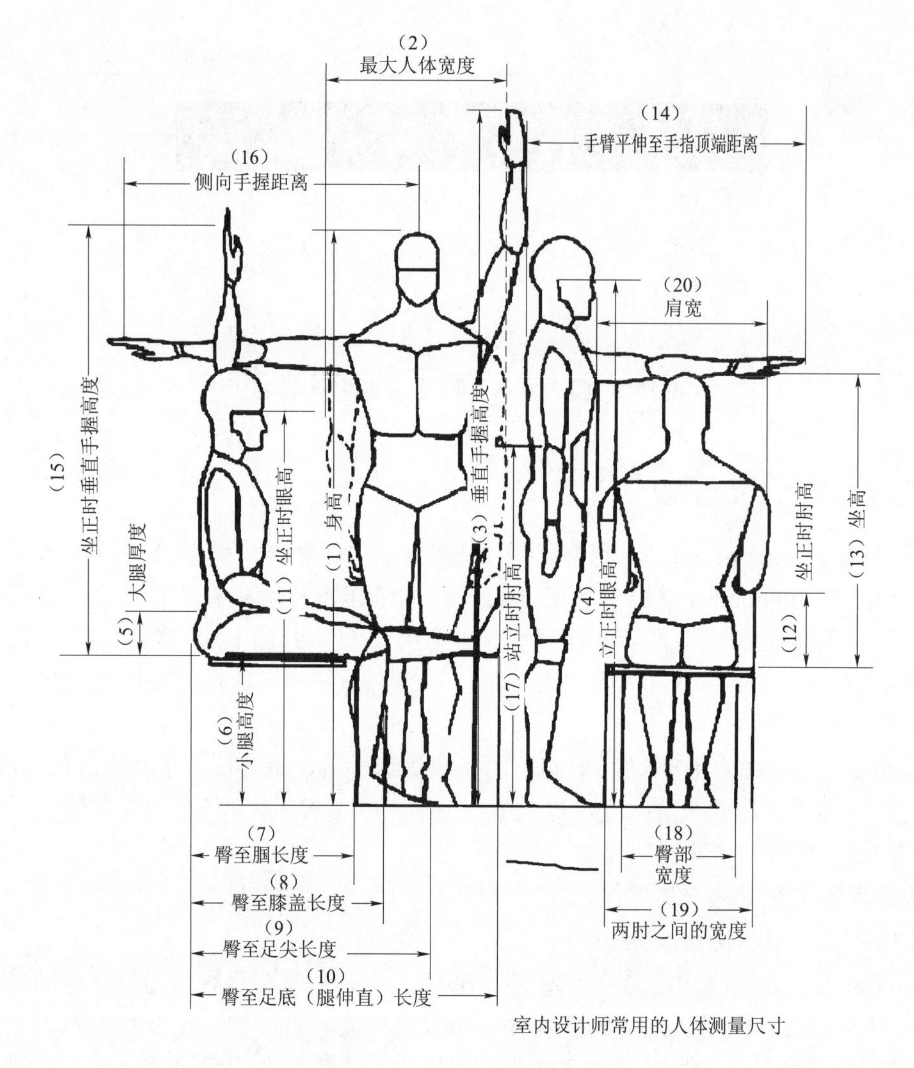

图 2-1　人体各部分构造

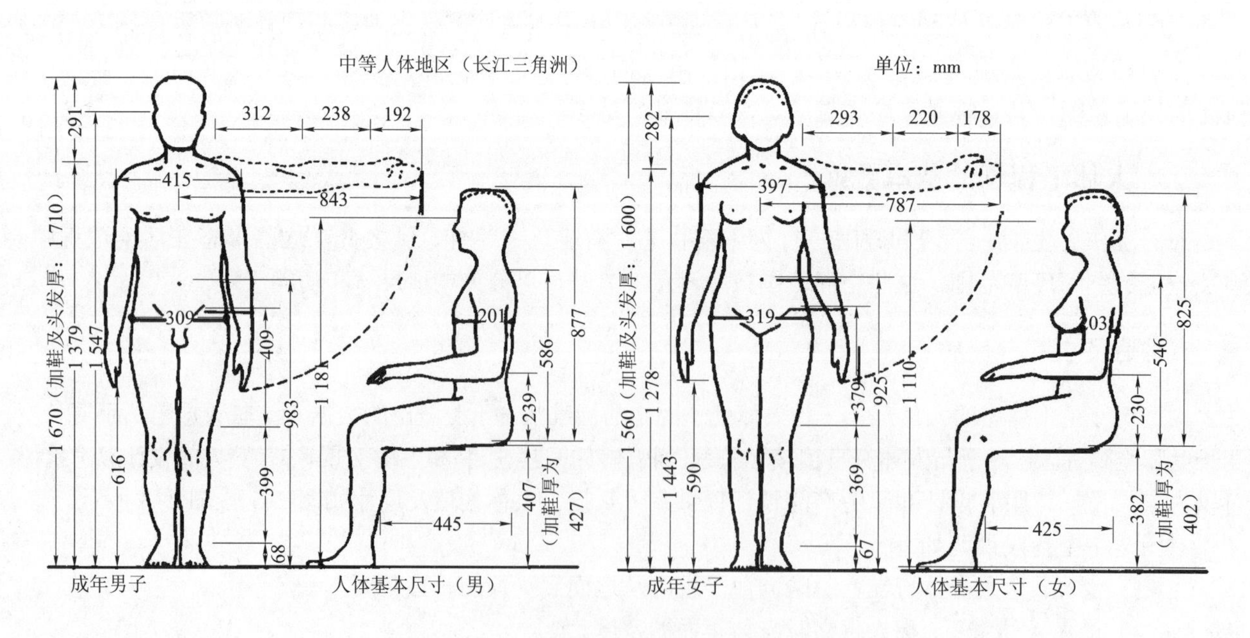

图 2-2　中等人体各部分平均尺寸

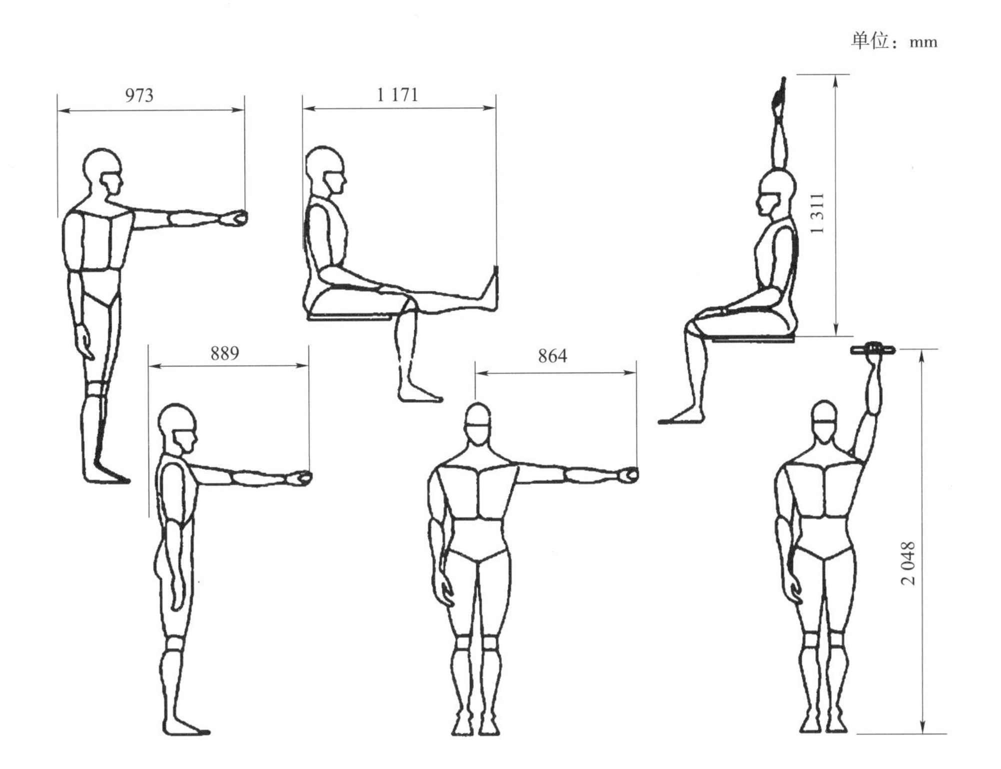

图 2–3　中等人体部分平均尺寸

（5）大腿厚度：指从座椅表面到大腿与腹部交接处的大腿端部之间的垂直高度。

（6）小腿高度：指人坐着时从地面到膝盖背面（腿弯处）的垂直距离。

（7）臀至腘长度：指人坐着时从臀部最后面到小腿背面的水平距离。

（8）臀至膝盖长度：指人坐着时从臀部最后面到膝盖骨前面的水平距离。

（9）臀至足尖长度：指人坐着时从臀部最后面到脚趾尖的水平距离。

（10）臀至足底（腿伸直）长度：指人坐着时在腿伸直的情况下，从臀部最后面到足底的水平距离。

（11）坐正时眼高：指人坐着时眼睛到地面的垂直距离。

（12）坐正时肘高：指从座椅表面到肘部尖端的垂直距离。

（13）坐高：指人坐着时从座椅表面到头顶的垂直距离。

（14）手臂平伸至手指顶端距离：指人直立手臂向前平伸时后背到手指顶端的距离。

（15）坐正时垂直手握高度：指人坐正时从座椅到手臂向上伸直时能握到的距离。

（16）侧向手握距离：指人直立手臂向一侧平伸时，手能握到的距离。

（17）站立时肘高：指人直立时肘部到地面的高度。

（18）臀部宽度：指臀部正面的宽度。

（19）两肘之间的宽度：指两肘弯曲、前臂平伸时两肘外侧面之间的水平距离。

（20）肩宽：指人肩部两个三角肌外侧的最大水平距离。

人体尺寸随着年龄、性别和地区差异各不相同。同时，随着时代的进步，人们的生活水平逐渐提高，人体尺寸也在发生着变化。根据中国建筑科学研究院 1962 年发表的《人体尺度的研究》中的不同地区人体各部分平均尺寸的测量值（见表 2–1），可作为设计时的参考。

表 2-1　不同地区人体各部分平均尺寸　　单位：mm

编号	部位	较高人体地区（冀、鲁、辽）		中等人体地区（长江三角洲）		较低人体地区（广东、四川）	
		男	女	男	女	男	女
1	身高	1 690	1 580	1 670	1 560	1 630	1 530
2	最大人体宽度	520	487	515	482	510	477
3	垂直手握高度	2 068	1 958	2 048	1 938	2 008	1 908
4	立正时眼高	1 573	1 474	1 547	1 443	1 512	1 420
5	大腿厚度	150	135	145	130	140	125
6	小腿高度	412	387	407	382	402	377
7	臀至腘长度	451	431	445	425	439	419
8	臀至膝盖长度	601	581	595	575	589	569
9	臀至足尖长度	801	781	795	775	789	769
10	臀至足底（腿伸直）长度	1 177	1 146	1 171	1 141	1 165	1 135
11	坐正时眼高	1 203	1 140	1 181	1 110	1 144	1 078
12	坐正时肘高	243	240	239	230	220	216
13	坐高	893	846	877	825	850	793
14	手臂平伸至手指顶端距离	909	853	889	833	869	813
15	坐正时垂直手握高度	1 331	1 375	1 311	1 355	1 291	1 335
16	侧向手握距离	884	828	864	808	844	788
17	站立时肘高	993	935	983	925	973	915
18	臀部宽度	311	321	309	319	307	317
19	两肘之间的宽度	515	482	510	477	505	472
20	肩宽	420	387	415	397	414	386

注：表中调研地区为抽样调查。

2. 功能尺寸

功能尺寸是指动态的人体尺寸，是人活动时肢体所能达到的空间范围，是在动态的人体状态下测量出的数据。功能尺寸是由关节的活动和转动所产生的角度与肢体的长度协调产生的空间范围，它对于解决许多带有空间范围和位置的问题很有用。相对于构造尺寸，功能尺寸的用途更加广泛，因为人总在运动着，人体是一个活动的、变化的结构。

运用功能尺寸进行设计产品时，应该考虑使用人的年龄和性别差异。如在家庭用具的设计中，首先应当考虑到老年人的要求，因为家庭用具一般不必讲究工作效率，主要是使用方便，在使用方便方面年轻人可以迁就老年人。家庭用具，尤其是厨房用具和卫生设备的设计，照顾老年人的使用是很重要的。老年人尤其老年妇女需要照顾，她们使用合适了，其他人使用一般不致发生困难；反之，倘若只考虑年轻人使用方便舒适，则老年妇女有时使用起来会有相当大的困难。老年妇女人体功能尺寸图如图 2-4 所示。

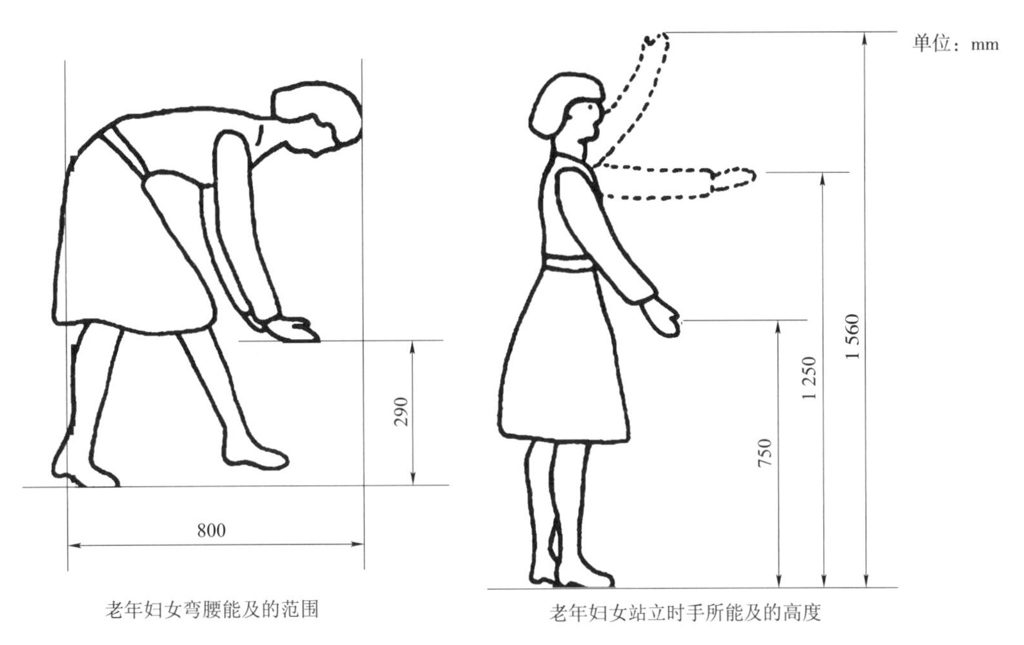

图 2–4　老年妇女人体功能尺寸图

第二节　人体工程学与室内设计的关系

一、人体工程学在室内设计中的作用

人体工程学在室内设计中的作用主要有以下几点。

1. 为确定空间范围提供依据

根据人体工程学中有关计测数据，从人的尺度、动作域和心理空间等方面，为确定空间范围提供依据。

2. 为家具设计提供依据

家具设施为人所使用，因此它们的形体、尺度必须以人体尺度为标准。同时，人们为了使用这些家具和设施，其周围必须留有活动和使用的最小空间，这些设计要求都可以通过人体工程学相关知识来解决。

3. 提供适应人体的室内物理环境的最佳参数

室内物理环境主要包括室内热环境、声环境、光环境、重力环境和辐射环境等。室内物理环境参数有助于设计师作出合理的、正确的设计方案。

4. 为确定感觉器官的适应能力提供依据

通过对视觉、听觉、嗅觉、味觉和触觉的研究，其研究结果为室内空间环境设计提供依据。

二、人体工程学在室内设计中的运用

1. 客厅中的尺度

客厅也称起居室，是家庭成员聚会和活动的场所，具有多方面的功能。它既是全家娱乐、休闲和团聚的地方，又是接待客人、对外联系交往的社交活动空间，因此客厅便成为住宅的中心。客厅应该具有较大的面积和适宜的尺度；同时，要求有较为充足的采光和合理的照明，面积一般在 20 ～ 30 m^2，相对独立的空间区域较为理想。

客厅中的家具应根据功能要求来布置，其中最基本的要求是设计包括茶几在内的一组沙发和视听设备。其他要求要根据客厅的面积大小来确定，如空间较大，可以设置多功能组合家具，既能存放各种物品，又能美化环境。

客厅的家具布置形式很多，一般以长沙发为主，排成“一”字形、L 形和 U 形等，同时应考虑多座位与单座位相结合，以适合不同情况下人们的心理需要和个性要求。客厅家具的布置要以利于彼此谈话的方便为原则，一般采取谈话者双方正对坐或侧对坐为宜，座位之间距离保持在 2 m 左右，这样的距离才能使谈话双方不费力。为了避免对谈话区的各种干扰，室内交通路线不应穿越谈话区，谈话区尽量设置在室内一角或尽端，以便有足够的实体墙面布置家具，形成一个相对完整的独立空间区域。

电视柜的高度为 400 ～ 600 mm，最高不能超过 710 mm。坐在沙发上看电视，座位高 400 mm，座位到眼的高度是 660 mm，合起来是 1 060 mm，这是视线的水平高度。65 ～ 75 寸的电视机放在 500 mm 高的电视柜上，沙发距离电视的距离为 2.5 ～ 3.5 米，这时视线刚好在电视机荧光屏中心，是最合理的布置。如果电视柜高过 710 mm，即变成仰视，根据人体工程学原理，仰视易令人颈部疲劳。

单座位沙发的尺寸一般为 860 mm×860 mm，三座位沙发长度一般为 2 130 ～ 2 280 mm。很多人喜欢进口沙发，这种单人沙发的尺寸一般是 900 mm×900 mm，把它们放在小型单位的客厅中，会令客厅看起来狭小。转角沙发也较常用，转角沙发的尺寸为 1 020 mm×1 020 mm。沙发座位的高度约为 400 mm，座位深 450 mm 左右，沙发的扶手一般高 560 ～ 600 mm。所以，如果沙发无扶手，而用角几和边几的话，角几和边几的高度也应为 300 ～ 400 mm 高。

沙发宜软硬适中，太硬或太软的沙发都会使人腰酸背痛。茶几的尺寸一般是 1 070 mm×600 mm，高度是 300 ～ 400 mm。中大型单位的茶几，有时会用 1 200 mm×1 200 mm，这时，其高度会降低至 250 ～ 300 mm。茶几与沙发的距离为 400 ～ 450 mm。

沙发的人体工程学尺寸如图 2–5 和图 2–6 所示。

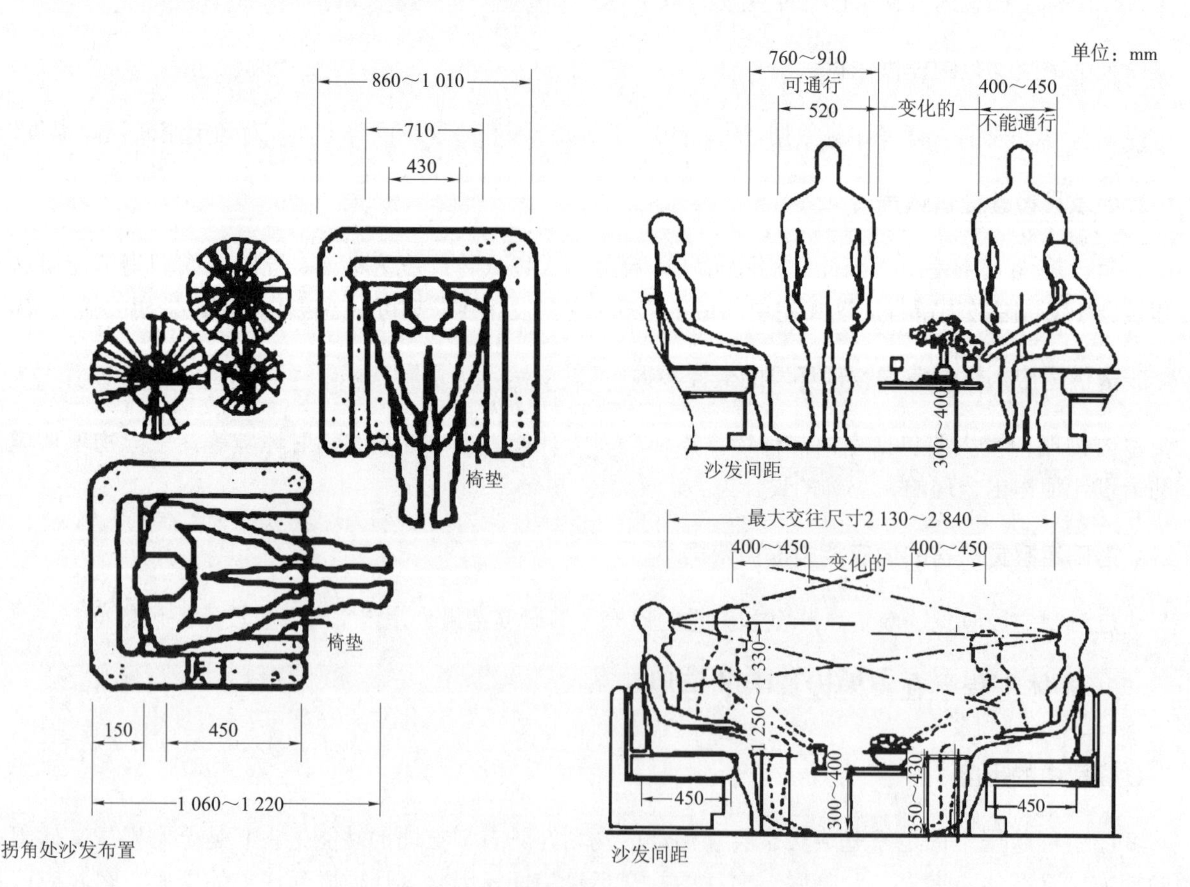

图 2–5　单人沙发的人体工程学尺寸

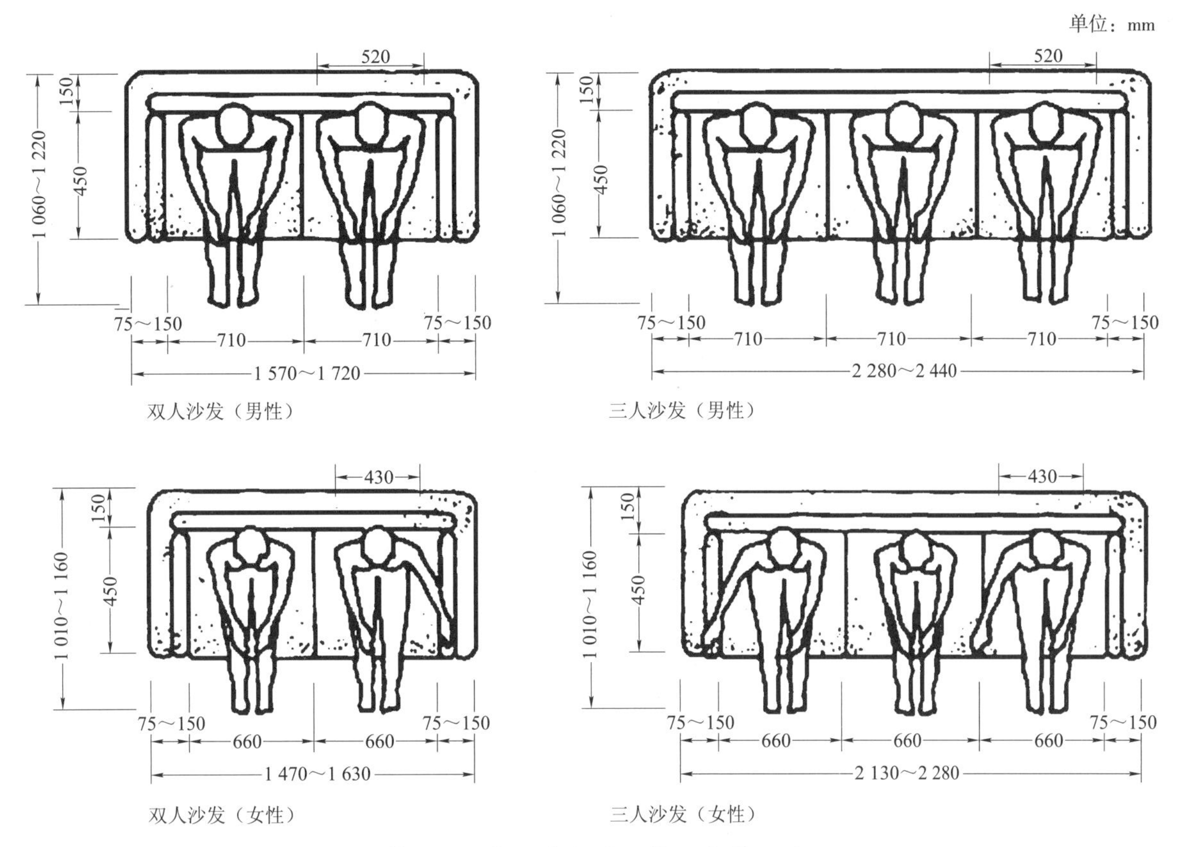

图 2-6　多人沙发的人体工程学尺寸

2. 厨卫中的尺度

“民以食为天”，进餐的重要性不言而喻。在人口密集、住房紧张的大城市，住宅空间相对较小，如何在有限的居住面积中设计出合理的就餐空间，是室内设计师应重点考虑的设计问题之一。

1）厨房的尺度

厨房是家庭生活用餐的操作间，人在这个空间是站立工作的，所有家具设施都要依据这个条件来设计。厨房的家具主要是橱柜，橱柜的设计应以女主人的身体条件为标准。橱柜分为地柜和吊柜，地柜工作台的高度应以女主人站立时手指能触及水盆底部为准。过高会令肩膀疲劳，过低则会腰酸背痛，常用的地柜高度尺寸是 800 ～ 900 mm，工作台面宽度不小于 460 mm。现在，有的橱柜可以通过调整脚座来使工作台面达到适宜的尺度。地柜工作台面到吊柜底的高度是 600 ～ 650 mm，最低不小于 500 mm。吊柜深度为 300 ～ 350 mm，高度为 500 ～ 600 mm，应保证站立时举手可开柜门。橱柜脚最易渗水，可将橱柜吊离地面 150 mm。油烟机的高度应使炉面到机底的距离为 750 mm 左右。冰箱如果是在后面散热的，两旁要各留 50 mm，顶部要留 250 mm；否则，散热慢，将会影响冰箱的功能。

厨房的人体工程学尺寸如图 2-7 所示。

2）餐桌的尺寸

正方形餐桌常用尺寸为 910 mm×910 mm，长方形餐桌常用尺寸为 910 mm×2 430 mm。910 mm 的餐桌宽度是标准尺寸，至少也不能小于 700 mm，否则对坐时会因餐桌太窄而互相碰脚。餐桌高度一般为 710 mm，配 415 mm 高度的座椅。圆形餐桌常用尺寸为直径 900 mm、1 200 mm 和 1 500 mm，分别坐 4 人、6 人和 10 人。餐桌的人体工程学尺寸如图 2-8 所示。

3）餐椅的尺寸

餐椅座位高度一般为 415 mm，靠背高度一般为 400 ～ 500 mm，较平直，有 2° ～ 3° 的外倾，坐垫约厚 20 mm。

单位：mm

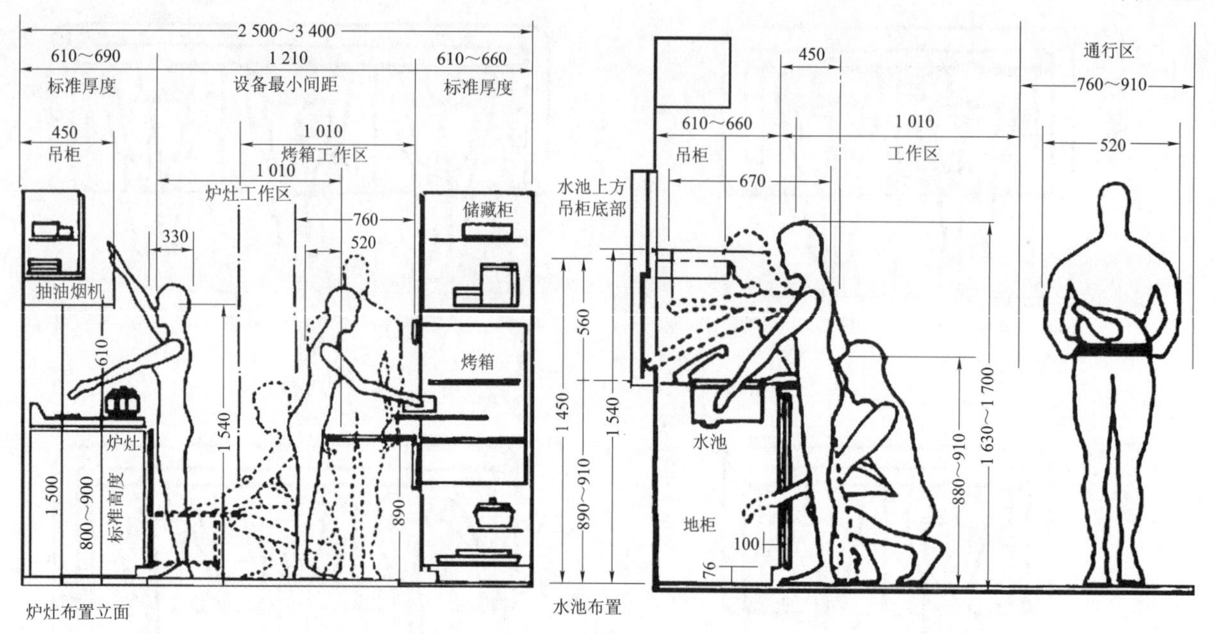

图 2–7　厨房的人体工程学尺寸

单位：mm

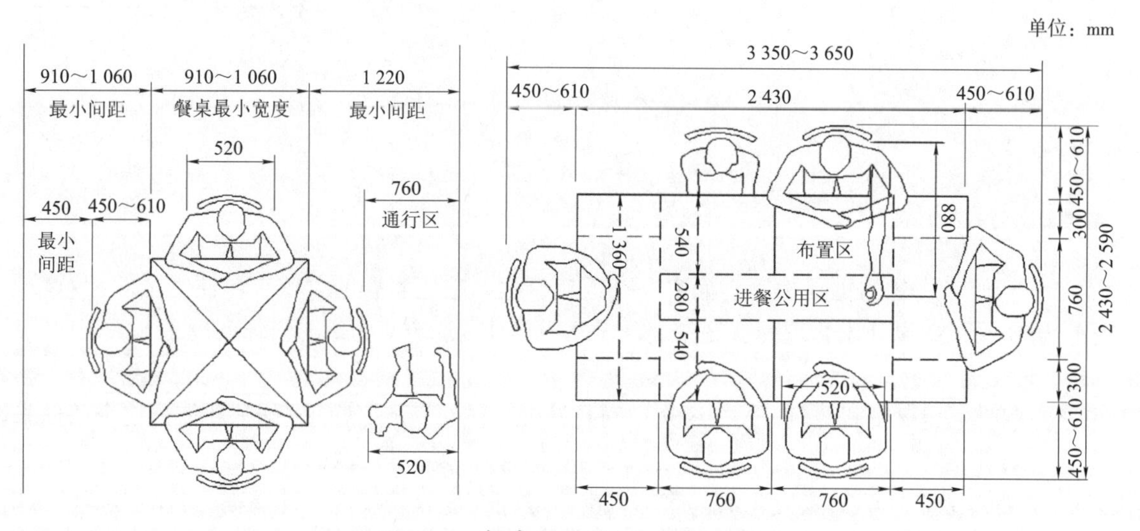

图 2–8　餐桌的人体工程学尺寸

4）卫生间的尺度

卫生间是家庭成员卫生洁浴的场所，是具有排泄和清洗双重功能的空间。卫生间主要由坐便器、沐浴间（或浴缸）和洗面盆三部分组成。坐便器所占的面积为 370 mm×600 mm，正方形淋浴间的面积为 800 mm×800 mm，浴缸的标准面积为 1 600 mm×700 mm，悬挂式洗面盆占用的面积为 500 mm×700 mm，圆柱式洗面盆占用的面积为 400 mm×600 mm。浴缸和坐便器之间至少要有 600 mm 的距离。而安装一个洗面盆，并能方便地使用，需要的空间为 900 mm×1 050 mm，这个尺寸适用于中等大小的洗面盆，并能宽松地容下一个人洗漱。坐便器和洗面盆之间至少要有 200 mm 的距离。此外，浴室镜应该装在以 1 350 mm 为中心的高度上，这个高度可以使镜子正对着人的脸。

3. 卧室的尺度

卧室是人们进行休息的场所，卧室内的主要家具有床、床头柜、衣柜和梳妆台等。床的长度是人的身高加220 mm枕头位，约为2 000 mm。床的宽度有900 mm、1 350 mm、1 500 mm、1 800 mm和2 000 mm等。床的高度，以被褥面来计算，常用460 mm，最高不超过500 mm，否则坐时会吊脚，很不舒服。被褥的厚度50～180 mm不等。为了保持被褥面高度460 mm，应先决定用多高的被褥，再决定床架的高度。床底如设置储物柜，则应缩入100 mm。床头屏可做成倾斜效果，倾斜度为15°～20°，这样使用时较舒服。床头柜与床褥面同高，过高会撞头，过低则放物不便。床的人体工程学尺寸如图2-9和图2-10所示。

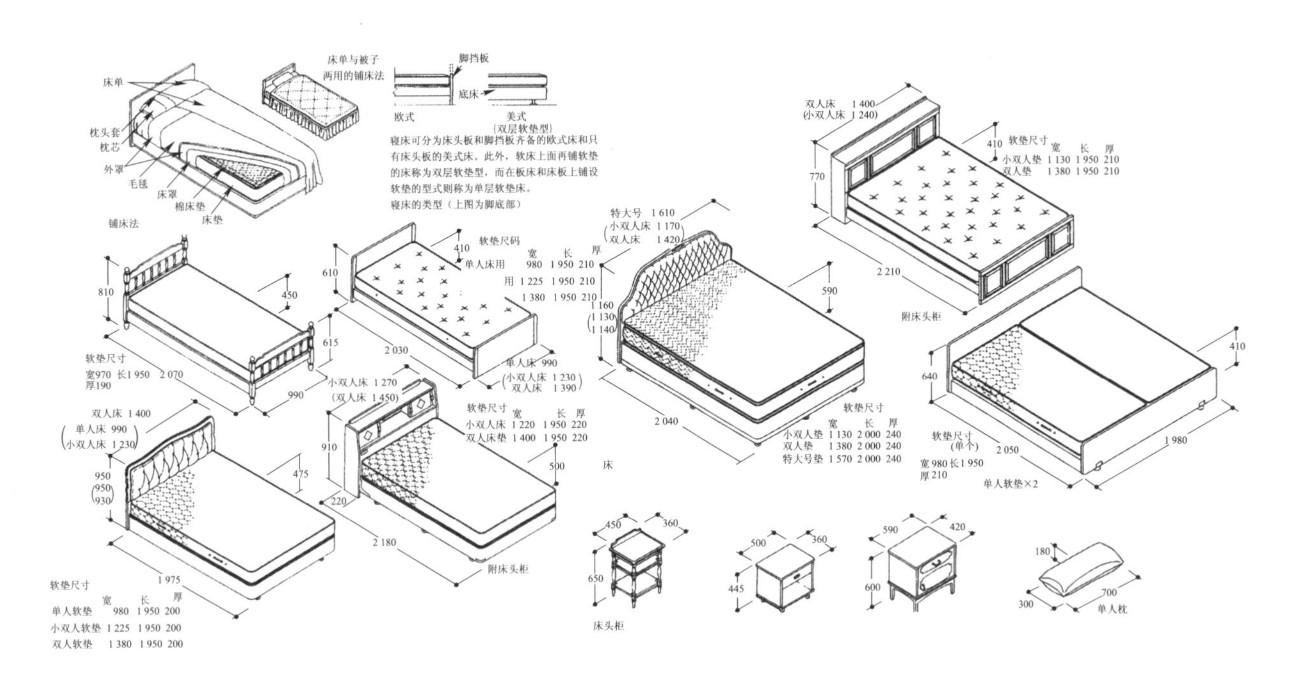

图2-9　床的人体工程学尺寸（1）

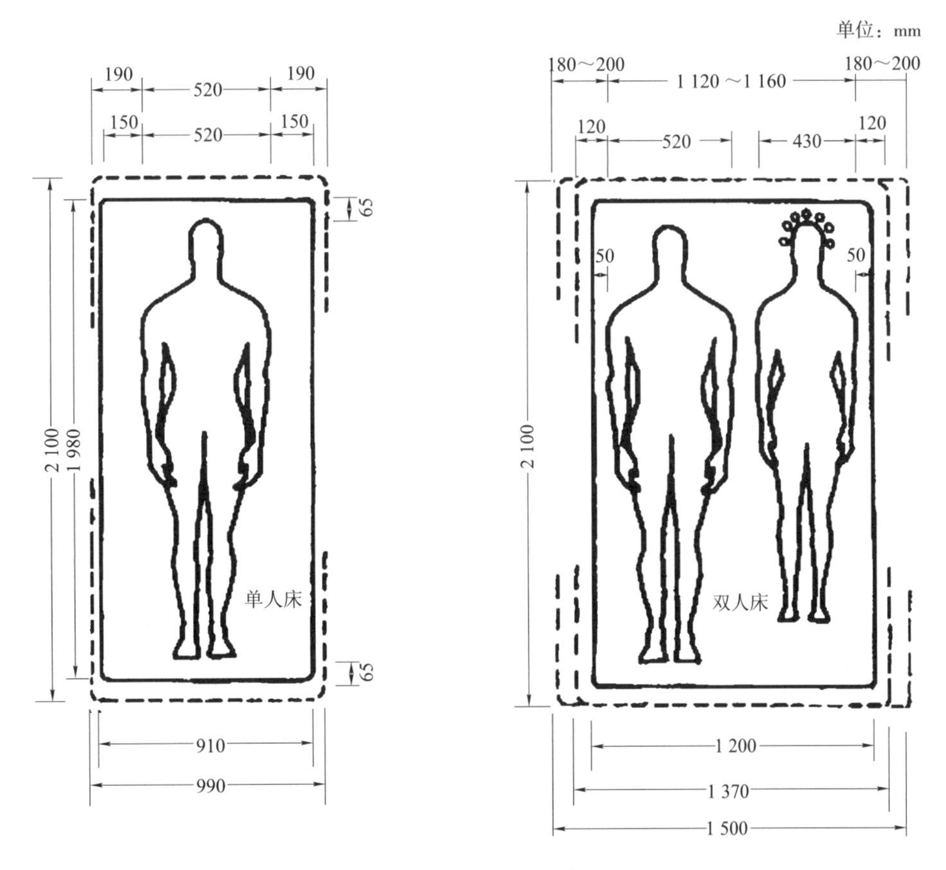

图2-10　床的人体工程学尺寸（2）

在儿童卧室中常用上下铺双人床，下铺被褥面到上铺床板底之间的空间高度不小于900 mm。如果想在上铺下面做柜的话，上铺要适当升高一些，但应保证上铺到天花板的空间高度不小于900 mm，否则起床时会碰头。

衣柜的标准高度为2 440 mm，分下柜和上柜，下柜高1 830 mm，上柜高610 mm，如设置抽屉，则抽屉面每个高200 mm。衣柜的宽度一个单元两扇门为900 mm，每扇门450 mm，常见的有四扇柜、五扇柜和六扇柜等。衣柜的深度常用600 mm，连柜门最窄不小于530 mm，否则会夹住衣服。衣柜柜门上如镶嵌全身镜，常用1 070 mm×350 mm，安装时镜子顶端与人的头顶高度齐平。

附1：常用的室内尺寸

支撑墙体：厚0.24 m

室内隔墙断墙体：厚0.12 m

大门高2.00～2.40 m，宽0.90～0.95 m

室内房间门高1.90～2.00 m，宽0.80～0.90 m，门套厚0.10 m

厕所和厨房门：宽0.80～0.90 m，高1.90～2.00 m

室内窗高1.00 m，窗台距地面高0.90～1.00 m

玄关宽1.00 m，墙厚0.24 m

阳台宽1.40～1.60 m，长3.00～4.00 m（一般与客厅的长度相同）

踏步高0.15～0.16 m，长0.99～1.15 m，宽0.25 m

附2：常用家具生产尺寸（实际生产尺寸要比人体工程学尺寸要大一些）

单人床：宽0.90 m、1.05 m、1.20 m；长1.80 m、1.86 m、2.00 m、2.10 m；高0.35～0.45 m。

双人床：宽1.35 m、1.50 m、1.80 m，长、高同上。

圆床：直径1.86 m、2.13 m、2.42 m。

矮柜：厚0.35～0.45 m，柜门宽度0.30～0.60 m，高0.60 m。

衣柜：厚0.60～0.65 m，柜门宽度0.40～0.65 m，高2.00～2.20 m

沙发：座深0.80～0.90 m，座高0.35～0.42 m，靠背高0.70～0.90 m

单人式沙发：长0.80～0.90 m，高0.35～0.45 m

双人式沙发：长1.26～1.50 m

三人式沙发：长1.75～1.96 m

四人式沙发：长2.32～2.52 m

小型长方形茶几：长0.60～0.75 m，宽0.45～0.60 m，高0.33～0.42 m

大型长方形茶几：长1.50～1.80 m，宽0.60～0.80 m，高0.33～0.42 m

圆形茶几：直径0.75 m、0.90 m、1.05 m、1.20 m，高0.33～0.42 m

正方形茶几：宽0.75 m、0.90 m、1.05 m、1.20 m、1.35 m、1.50 m，高0.33～0.42 m

书桌：长0.80～1.2 m，宽0.45～0.70 m，高0.75 m

书架：厚0.25～0.40 m，长0.60～1.20 m，高1.80～2.00 m，下柜高0.80～0.90 m

餐椅：座面高0.42～0.44 m，座宽0.46 m

餐桌：中式一般高0.75～0.78 m，西式一般高0.68～0.72 m

方桌：宽1.20 m、0.90 m、0.75 m

长方桌：宽0.80 m、0.90 m、1.05 m、1.20 m、长1.50 m、1.65 m、1.80 m、2.10 m、2.40 m

圆桌：直径0.90 m、1.20 m、1.35 m、1.50 m、1.80 m

橱柜工作台：高0.89～0.92 m，宽0.40～0.60 m

抽油烟机与灶的距离：0.60～0.80 m

盥洗台：宽0.55～0.65 m，高0.85 m

淋浴间：0.90 m×0.90 m，高2.00～2.40 m

坐便器：高0.68 m，宽0.38～0.48 m，深0.68～0.72 m

第三章 居住空间设计

第一节　玄关和客厅设计

图片欣赏

一、玄关设计

玄关是进入住宅室内的咽喉地带和缓冲区域，也是进入室内后的第一印象，因此在室内设计中具有不可忽视的地位和作用。玄关具有使用价值和审美价值。首先，玄关可以实现一定的储存功能，用于放置鞋柜和衣架，便于主人或客人换鞋、挂外套之用；其次，玄关可以表现一定的审美效果，通过色彩、材料、灯光和造型的综合设计可以使玄关看上去更加美观、实用。

玄关是进入客厅的回旋地带，可以有效地分割室外和室内，避免将室内景观完全暴露，使视线有所遮掩，更好地保护室内的私密性；还可以避免因室外人的进入而影响室内人的活动，使进入者有个缓冲、调整的空间。

玄关是住宅装饰的第一道风景，在一定程度上体现着主人的审美品位和情趣，在设计时应注意以下几个方面。

（1）玄关的造型应与室内整体风格保持一致，力求简洁、大方。玄关的造型主要有以下几种形式。

① 玻璃半通透式。即运用有肌理效果的玻璃来隔断空间的形式，如磨砂玻璃、裂纹玻璃、冰花玻璃、工艺玻璃等。这样可以使玄关空间看上去有一种朦胧的美感，使玄关和客厅之间隔而不断，如图 3–1 和图 3–2 所示。

图 3–1　玻璃半通透式玄关设计（1）

图 3-2　玻璃半通透式玄关设计（2）

② 列柱隔断式。即运用几根规则的立柱来隔断空间的形式，这样可以使玄关空间看上去更加通透，使玄关空间和客厅空间很好地结合和呼应。

③ 自然材料隔断式。即运用竹、石、藤等自然材料来隔断空间的形式，这样可以使玄关空间看上去朴素、自然。

④ 古典风格式。即运用中式或欧式古典风格中的装饰元素来设计玄关空间，如中式的条案、屏风、瓷器、挂画，欧式的柱式、玄关台等。这样可以使玄关空间更加具有文化气质和古典、浪漫的情怀。

（2）玄关是一个过道，是容易弄脏的地方，其地面宜用耐磨损、易清洁的石材或颜色较深的陶质地砖，这样不仅便于清扫，而且使玄关看上去清爽、简约。

（3）玄关是由室外进入室内的第一场所，应尽量营造出优雅、宁静的空间氛围。灯光的设置不可太暗，以免引起短时失明。玄关的色彩不可太艳，应尽量采用纯度低、彩度低的颜色。

玄关设计如图 3-3 和图 3-4 所示。

图 3-3　玄关设计（1）

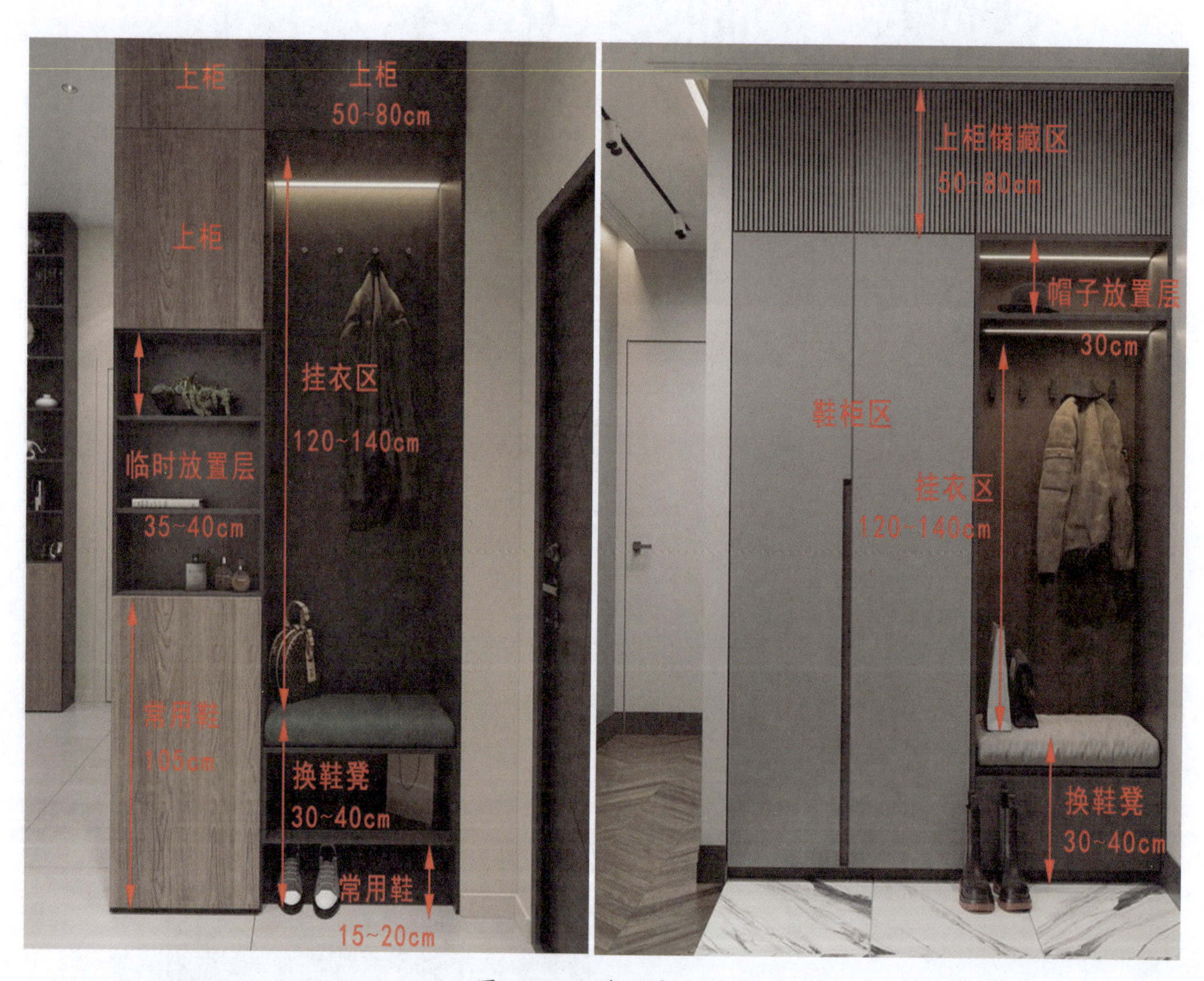
上柜
上柜
50~80cm
上柜
挂衣区
120~140cm
临时放置层
35~40cm
常用鞋
105cm
换鞋凳
30~40cm
常用鞋
15~20cm
上柜储藏区
50~80cm
帽子放置层
30cm
鞋柜区
挂衣区
120~140cm
换鞋凳
30~40cm

图 3-4　玄关设计（2）

二、客厅设计

客厅是全家人文化娱乐、休息、团聚、接待客人和相互沟通的场所，是住宅中活动最集中、使用频率最高的空间。它能充分体现主人的品位、情感和意趣，展现主人的涵养与气度，是整个住宅的中心。

客厅的主要功能区域可以划分为家庭聚谈区、会客接待区和视听活动区三大部分。

1. 家庭聚谈区和会客接待区

客厅是家庭成员团聚和交流感情的场所，也是家人与客人会谈交流的场所，一般采用几组沙发或座椅围合成一个聚谈区域来实现。客厅沙发或座椅的围合形式如图 3-5 所示。此外，根据具体的空间形态，也可以在客厅中单独划分出一个区域作为阅读品茗区，如图 3-6 所示。会客接待区如图 3-7 所示。

2. 视听活动区

看电视、听音乐是人们生活中必不可少的部分。客厅设计中应单独划分出一个区域来进行视听活动，此区域一般布置在沙发组合的正对面，由电视柜、电视背景墙、电视视听组合等组成。电视背景墙是客厅中最引人注目的一面墙，是客厅的视觉中心，可以通过别致的材质、优美的造型来表现，主要可分为以下几种表现形式。

（1）古典对称式。中式和欧式风格都讲究对称布局，它具有庄重、稳定、和谐的感觉，如图 3-8 和图 3-9 所示。

图 3-5　客厅沙发组合

图 3-6　品茗区设计

图 3-7　会客区设计

图 3-8　客厅电视墙（1）

图 3-9　客厅电视墙（2）

（2）重复式。利用某一视觉元素的重复出现来表现造型的秩序感、节奏感和韵律感，如图 3-10 所示。

图 3-10　重复式客厅电视墙

（3）材料多样式。利用不同装饰材料的质感差异，使造型相互突出，相映成趣，如图 3-11 所示。

图 3-11　材料多样式客厅电视墙

（4）深浅变化式。通过色彩的明暗和材料的深浅变化来表现造型的形式。这种形式强调主体与背景的差异：主体深，则背景浅；主体浅，则背景深。两者相互突出，相映成趣，如图 3–12 所示。

（5）形状多变式。利用形状的变化和差异来突出造型，如曲与直的变化、方与圆的变化等，如图 3–13 所示。

客厅的风格多样，有优雅、高贵、华丽的古典式，如图 3–14 所示；有朴素、休闲的自然式和休闲式，如图 3–15 和图 3–16 所示；有简约、时尚、浪漫的开放式和现代式，如图 3–17 和图 3–18 所示。

图 3–12　深浅变化式客厅电视墙

图 3-13　形状多变式客厅电视墙

图 3-14　古典式客厅

图 3–15　自然式客厅

图 3–16　休闲式客厅

图 3-17　开放式客厅

图 3-18　现代式客厅

客厅设计时要注意对室内动线的合理布置，交通设计要流畅，出入要方便，避免斜插会客接待区而影响会谈。客厅设计时可对原有不合理的建筑布局进行适当调整，使之更符合空间尺寸要求。

客厅的陈设可以体现主人的爱好和审美品位，可根据客厅的风格来配置。古典风格配置古典陈设品，现代风格配置现代陈设品，这些形态各异的陈设品在客厅中往往能起到画龙点睛的作用，使客厅更加生动、有趣。

客厅设计时还要注意对天花板、墙面和地面三个界面的处理。客厅天花板设计时可根据室内的空间高度来进行设计，空间高度较低的客厅不宜吊顶，以简洁平整为主；空间高度较高的客厅可根据具体情节吊二级顶、三级顶等。天花板的吊顶还可以采用局部吊顶的手法，如四周低中间高，四周吊顶，中间空，形成一个“天池”状的光带，使整个客厅明亮、光洁。天花板的色彩宜轻不宜重，以免造成压抑的感觉。客厅的墙面通常用乳胶漆、墙纸或木饰面板来装饰。视听背景墙是装饰的重点，靠阳台的墙面以玻璃推拉门为主，这样可以使客厅获得充足的采光和清新的空气，保证客厅的空气流通，并调节室温。靠沙发的墙面可悬挂装饰画来装饰墙面。

客厅的地面常采用耐脏、易清洁、光泽度高的抛光石材，也可以采用温和、质朴、吸音隔热良好的木地板。沙发会谈区还可以通过铺设地毯来聚合空间，美化室内环境。客厅内可以适当摆设绿色植物，既能净化空气，又能消除疲劳。

第二节 卧室设计

图片欣赏

卧室是人们休息睡眠的场所，是居室中较私密的空间。卧室除了用于休息之外，还具有存放衣物、梳妆、阅读和视听等功能。卧室设计的宗旨是让人们在温暖、舒适的氛围中补充精力。

一、主卧室设计

主卧室是住宅主人的私人生活空间，它应该满足主人情感和心理的共同需求，顾及双方的个性特点。设计主卧室时应遵循以下两个原则。一是要满足休息和睡眠的要求，营造出安静、祥和的气氛。卧室内应尽量选择吸声的材料，如海绵布艺软包、木地板、双层窗帘和地毯等；也可以采用纯净、静谧的色彩来营造宁静气氛，如图 3-19 所示。二是要设计出尺寸合理的空间。主卧室的空间面积每人不应小于 6 m^2，高度不应小于 2.4 m，否则就会使人感到压抑和局促。在有限的空间内还应尽量满足休闲、阅读、梳妆和睡眠等综合要求。

图 3-19 主卧室设计

主卧室按功能区域可划分为睡眠区、梳妆阅读区和衣物储存区三部分。睡眠区由床、床头柜、床头背景墙和台灯等组成。床应尽量靠墙摆放，其他三面临空。床不宜正对门，否则使人产生房间狭小的感觉。开门见床也会影响私密性。床应适当离开窗口，这样可以降低噪声污染，并方便行走。医学研究表明，人的最佳睡眠方向是头朝南，脚朝北，这与地球的磁场相吻合，有助于人体各器官和细胞的新陈代谢，并能产生良好的生物磁化作用，达到催眠的效果，提高睡眠质量。床应近窗，让清晨的阳光射到床上，有助于吸收大自然的能量，杀死有害微生物。床头柜和台灯是床的附属物件，可以存放物品和提供阅读采光。床头柜一般配置在床的两侧，便于从不同方向上下床。床头背景墙是卧室的视觉中心，它的设计以简洁、实用为原则，可采用挂装饰画、贴墙纸和贴饰面板等装饰手法，其造型也可以丰富多彩，如图 3-20 和图 3-21 所示。梳妆阅读区主要布置梳妆台、梳妆镜和学习工作台等。衣物储存区主要布置衣柜和储物柜，如图 3-22 所示。

图 3-20　床头背景墙设计（1）

图 3–21　床头背景墙设计（2）

图 3–22　主卧室衣柜设计

主卧室的天花可装饰简洁的石膏脚线或木脚线；如有梁，需做吊顶来遮掩，以免造成梁压床的不良视觉效果。地面采用木地板为宜，也可铺设地毯，以增强吸声效果。

主卧室的采光宜用间接照明，可在天花上布置吸顶灯柔化光线。筒灯的光温馨柔和，可作为主卧室的光源之一。台灯的光线集中，适于床头阅读。

主卧室宜采用和谐统一的色彩，暖色调温暖、柔和，可作为主色调。主卧室是睡眠的场所，应使用低纯度、低彩度的色彩。

主卧室的风格样式应与其他室内空间保持一致，可以选择古典风格、现代风格和自然风格等多种风格样式，如图 3–23 ～图 3–28 所示。

图 3–23　中式古典风格主卧室设计

图 3–24　古典风格主卧室设计

图 3-25 现代风格主卧室设计（1）

图 3-26　现代风格主卧室设计（2）

图 3-27　现代风格主卧室设计（3）

图 3-28　自然风格主卧室设计

二、孩子卧室设计

孩子卧室是孩子成长和学习的场所。在设计时要充分考虑孩子的年龄、性别和性格特征，围绕孩子特有的天性来设计。孩子卧室设计的宗旨是让其在自己的空间内健康成长，培养独立的性格和良好的生活习惯。

孩子卧室设计时应考虑婴儿期、幼儿期和青少年期三个不同年龄阶段的性格特点，针对孩子不同年龄阶段的生理、心理特征来进行设计。

1. 婴儿期

由于婴儿处于待哺乳状态，因此婴儿房通常设置在主卧室的育婴区。育婴区内可以设置生动有趣的婴儿床和婴儿玩具。婴儿期孩子卧室设计如图 3–29 所示。

2. 幼儿期

幼儿期又称学前期。学前儿童的房间侧重于睡眠区的安全性，并要有充足的游戏空间。因幼儿期儿童年龄较小，生活自理能力不足，房间应与父母房相邻。幼儿期儿童卧室应保证充足的阳光和新鲜的空气，这样对儿童身体的健康成长有重要作用。房间内的家具应采用圆角及柔软材料，保证儿童的安全；同时这些家具又应极富趣味性，色彩艳丽、大方，有助于启发儿童的想象力和创造力，如图 3–30 和图 3–31 所示。儿童天性怕孤独，可以摆放各种玩具供其玩耍，如图 3–32 所示。针对幼儿期儿童好奇、好动的特点，可以划分出一块儿童独立生活玩耍的区域，地面上铺木地板或泡沫地板，墙面上装饰五彩的墙纸或留给儿童涂抹的生活墙。幼儿期孩子卧室设计如图 3–33 所示。

图 3–29　婴儿期孩子卧室设计

图 3–30　儿童家具（1）

图 3–31　儿童家具（2）

图 3-32　儿童玩具

图 3-33　幼儿期孩子卧室设计

3. 青少年期

青少年期的孩子已经入学,对事物的认知能力显著提高,也渴望获得知识。青少年富于幻想,好奇心强,读书、写字成为生活中必行的事情。因此,在孩子房间内要专门设置学习区域,学习区域由写字台(或电脑台)、书架、书柜、学习椅和台灯等共同组成。青少年期孩子卧室设计如图 3-34 和图 3-35 所示。

图 3-34　青少年期孩子卧室设计(1)

图 3-35　青少年期孩子卧室设计（2）

青少年是学习的黄金时期，也是培养孩子优良品质、发展优雅爱好、陶冶高尚情操的时期，在房间布置上应把握立志奋发的主题，如在墙上悬挂一些名言警句，在桌上摆放象征积极向上的工艺品等。

青少年期孩子房间的色彩应体现出男女的差异：男生比较喜欢蓝色、青绿色等冷色；女生则比较喜欢粉红、苹果绿、紫红、橙等暖色。

三、老年人卧室设计

老年人有着丰富的人生阅历和经验，在经历世间的浮华之后，希望能有一处安静的居所。因此，老年人卧室的设计应以稳重、幽静为原则。

老年人由于行动不便，所以卧室内必备的家具不可少，家具的棱角也应钝化或圆角，避免磕碰。衣柜不能太高，以免取物不便；矮柜不能低于膝，因为老年人不宜常弯腰。老年人喜静，因此卧室内的门窗和墙壁隔音效果要好。老年人需要阳光，所以卧室最好朝南向。老年人喜欢怀旧，可悬挂一些有纪念意义的照片和摆放一些老式工艺品。

老年人卧室的色彩宜采用朴素、平和的棕色、褐色和驼色等沉着的色彩。老人夜晚起夜较勤，加之老年人视力不好，因此灯光要强弱配合。卧室内既有较强的识路灯光，又有较弱的睡眠灯光。老年人卧室设计如图 3-36 所示。

图 3-36　老年人卧室设计

第三节　餐厅设计和书房设计

图片欣赏

一、餐厅设计

餐厅是家人用餐和宴请客人的场所。餐厅不仅是补充能量的地方，更是家人团聚和交流情感的场所，是居室中一处幽雅、恬静的空间。餐厅主要有以下三种形式。

1. 独立式

指单独使用一个房间作为餐厅的形式。这种形式的餐厅是最为理想的餐厅形式，可以极大地降低用餐时外界的干扰，使家人和朋友可以在一个相对独立和幽静的空间用餐，营造出一个舒适、稳定的就餐环境。独立式餐厅如图 3–37 所示。

图 3–37　独立式餐厅

2. 客厅与餐厅合并式

指客厅与餐厅相连的形式，如图 3–38（a）和图 3–38（b）所示。这种形式的餐厅是现代家居中最常见的。设计时要注意空间的分隔技巧，放置隔断和屏风是既实用又美观的做法；也可以从地板着手，将地板的形状、图案和材质分成两个不同部分，餐厅与客厅以此划分成两个格调迥异的区域；还可以通过色彩和灯光来划分。在分隔的同时还要注意保持空间的通透感和整体感。

3. 厨房与餐厅合并式

指厨房与餐厅相连的形式，如图 3-38（c）和图 3-38（d）所示。这种形式的餐厅可以节约空间，减轻压抑感，还可以缩短上菜路线，提高就餐效率；不足之处在于受厨房油烟干扰较大。

(a) 客厅与餐厅合并式设计(1)

(c) 厨房与餐厅合并式设计(1)

(b) 客厅与餐厅合并式设计(2)

(d) 厨房与餐厅合并式设计(2)

图 3-38 餐厅设计

餐厅的家具主要有餐桌、餐椅和酒柜。餐桌有正方形、长方形和圆形等形状。酒柜是餐厅装饰的重点家具，其样式繁多，用材主要以木料为主；其功能主要是存放各类酒瓶、酒具和各色工艺品等，如图 3-39 所示。选择餐厅家具时要注意与室内整体风格相吻合，通过不同的样式和材质体现不同的风格。如天然纹理的原木餐桌椅，透露着自然淳朴的气息；金属电镀的钢管家具，线条优雅，具有时代感；做工精细、用材考究的古典家具，风格典雅，气韵深沉，富有浓郁的怀旧情调。古典餐厅设计如图 3-40 所示。

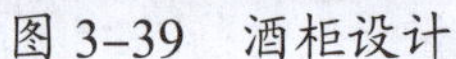

图 3-39　酒柜设计

图 3-40　古典餐厅设计

餐桌标准尺寸：四人正方形桌为 760 mm×760 mm，六人长方形桌为 1 070 mm×760 mm（1 400 mm×700 mm 的六人长方形桌较舒适），圆桌半径为 450 ～ 600 mm，餐桌高为 710 mm，配 415 mm 高的餐椅。

餐厅的陈设既要美观，又要实用。餐厅中的软装饰如桌布、餐巾和窗帘等，应尽量选用化纤类布艺材料，易清洗，耐脏。布艺的色彩和图案可根据室内不同的气氛要求来选择：营造素雅气氛时，可选择色彩淡雅、图案朴素的布艺材料；需要重点突出时，可选择色彩艳丽、图案花饰较多的布艺材料。餐桌上摆放一个花瓶，再插上几株花卉，能起到调节心理、美化环境的作用。墙角摆放绿色植物，可净化空气，增添活力。墙上悬挂字画、瓷盘和壁挂等装饰品，可以体现主人的审美品位。如餐厅面积太小，可在墙上设置一面镜子，增加反射效果，扩大空间感。

餐厅的天花板可做二级吊顶造型，暗藏灯光，增加漫射效果。餐灯可增加餐厅的光照和美感，选择时注意与室内风格相协调，可选择能调节高低位置的组合灯具，满足不同的照明要求。餐厅的地面宜用易清洁、防滑的石材地砖。餐厅的色彩可采用红色、橙色和黄色等暖色增进食欲。

餐厅设计如图 3-41 ～图 3-42 所示。

此外，在餐厅与客厅或餐厅与厨房的交界处可设置家庭酒吧。家庭酒吧是居室中的一处休闲空间，主要由酒吧台、吧椅和小酒柜组成，如图 3-43 所示。酒吧台高度为 1.0 ～ 1.2 m，可做成不同的造型，如弧线形、圆柱形或长方形等，台面一般选用光滑而易清洁的材料，如大理石、玻璃、木板等；吧椅略高于普通餐椅，设有放脚架，可旋转；小酒柜主要用于摆放各类酒具和酒瓶，与酒吧台相呼应。

图 3-41　餐厅设计（1）

图 3-42　餐厅设计（2）

图 3-43　家庭酒吧设计

二、书房设计

书房是阅读、书写和学习的场所，也是体现居住者文化品位的空间。书房的设计，总体上应以简洁、文雅、清新、明快为原则。书房一般应选择独立的空间，以便于营造安静的环境。书房里的家具有书桌、办公（学习）椅和书架等。书桌的高度应为 750 ～ 800 mm，桌下净高不小于 580 mm。座椅的坐高为 380 ～ 450 mm；也可采用可调节式座椅，不同高度的人均可得到舒适的坐姿。书柜厚度为 300 ～ 400 mm，高度为 2 100 ～ 2 300 mm（也可到天花板位置），台面的宽度不小于 400 mm。

书房可布置成单边形、双边形和 L 形，单边形是将书桌与书柜相连放在同一面墙上，这样布置较节约空间。双边形是将书桌与书柜放在相平行的两条直线上，中间以座椅来分隔，这样布置更加方便取阅，提高工作效率。如图 3–44 所示。L 形是将书桌与书柜成 90 度角交叉布置，如图 3–45 所示。这种布置方式是较为理想的一种，既节约空间，又便于查阅书籍。

图 3–44　单边式书房设计

图 3–45　L 形书房设计

书房的设计应遵循“明、静、雅、序”的设计原则。书房是精细阅读的场所，对采光和照明要求较高，过弱的光线会损害人的视力。书桌可以放在窗边的侧光处，防止阳光直射眼睛；也可以放在不受阳光直射的窗下，将窗外的美景尽收眼底，减轻视觉疲劳，如图3–46（a）所示。书桌的摆放切不可背光。书房的“静”主要通过材料和色彩来完成。首先，书房内尽量采用隔音和吸音效果较好的材料，如石膏板、PVC吸音板、壁纸、地毯等，窗帘要选择较厚的材料，以阻隔窗外的噪声；其次，书房的色彩可选用素雅或纯度较低的颜色，营造出稳重、静谧的感觉；此外，在空间设置上应尽可能地让书房远离客厅、餐厅等嘈杂的区域，以减少噪声的来源。书房的“雅”体现在人文气氛的营造上，书架上摆放几个古朴的工艺品、艺术品，墙上挂一些雅致的字画，都可以为书房增添几分情趣，如图3–46（b）所示。书房的“序”主要指书写区、查阅区和休闲区要分区明确，路线顺畅，井然有序，如图3–46（c）、图3–46（d）和图3–47所示。

（a）“明”

（b）“雅”

（c）“序”

（d）“序”

图3–46 书房设计（1）

图 3-47　书房设计（2）

第四节　厨房和卫生间设计

图片欣赏

一、厨房设计

厨房是烹饪菜肴的场所。优雅、舒适的厨房不仅可以缓解烹饪时的辛劳，还能带给人美的享受。现代厨房已经逐步走向科技化和智能化，风格各异、用途广泛的厨房已成为家居空间一道靓丽的风景线。

厨房设计的原则是减轻烹饪时的疲劳感，营造舒适、安逸的备餐环境。厨房内的家具布置要舒适有序、科学合理，厨房设计的最基本概念是“三角形工作区域”：将洗涤区、储存区和烹饪灶台安放在一个等边三角形的区域内，每二个之间相隔不超过 1 m，这样可以大大提高厨房工作效率。橱柜工作台面高为 800 ～ 850 mm，工作台面与吊柜底的距离为 500 ～ 600 mm。

厨房的布局一般有单边形、双边形、L 形、U 形和岛形等几种类型。单边形适用于较小的空间，是一种单边靠墙式的布局，它把洗涤区、储存区和烹饪区配置在同一面墙边，可以节约空间；其缺点是工作效率低下。双边形又称为“二”字形或走廊式布局，要求空间宽度不小于 2 m，可以将储存区和洗涤区设置在一边，将烹饪区设置在另一边，使功能分区相对较明确。L 形是将洗涤区、储存区和烹饪区设置于两墙相接的位置，呈 90° 转角。此种布局不仅可以节约空间，还能有效地提高工作效率，是较普遍、经济的一种厨房布局。U 形是厨房布局中最为理想和完善的形式，它将洗涤区、储存区和烹饪区按照 U 形依次设置，使三角形的工作区域得到完美体现，操作路线流畅，劳动强度降低，使工作效率大大提高；但这种形式要求空间宽度不小于 2.5 m。岛形是沿厨房四周设置橱柜，在厨房中央设置“中心岛”的布局，这个“中心岛”一般放置小餐桌、小酒吧台或料理台等。此种形式要求厨房面积不小于 15 m^2。各种厨房布局如图 3-48 ～图 3-52 所示。

图 3-48　单边形厨房

图 3-49　L 形厨房设计

图 3-50　U 形厨房（1）

图 3-51　U 形厨房（2）

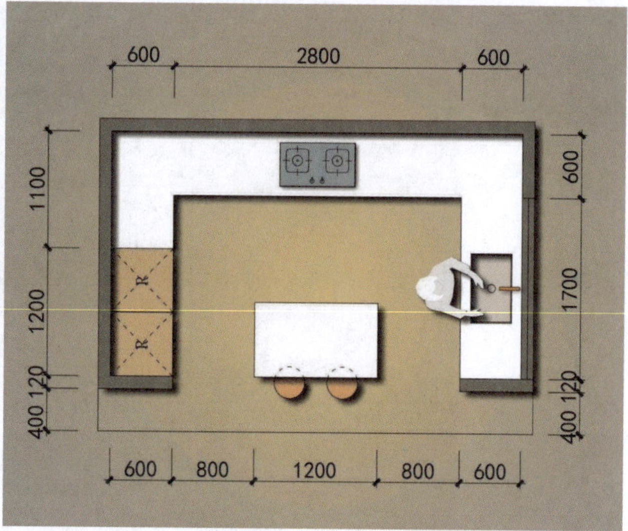

图 3-52　岛形厨房

厨房的常用材料包括以下几种。

（1）防火板：色彩丰富，美观耐用，耐高温，防潮，不易褪色。

（2）不锈钢：前卫，时尚，冷峻，耐高温，耐腐蚀，易清洗。

（3）烤漆面板：表面光滑，艳丽迷人，耐高温，耐水渍，不易褪色。

（4）石材：包括天然大理石、人造大理石、花岗石、陶瓷面砖等，纹理清晰，清凉，耐高温，防潮，易清洗。

厨房的整体色彩以素雅为主，以便衬托出菜肴的色彩。橱柜面板色彩则可相对艳丽，以营造出活泼、热情的烹饪环境。厨房地面宜用防滑、易清洗的陶瓷地砖。厨房的整体材料都应具有防火、抗热、易清洗的功效。

开放式厨房是现代厨房设计中的一种形式，如图 3-53 所示。这种形式主要是除去餐厅与厨房之间的隔墙，将二者合而为一，使空间的连贯性增强，空间形式更加统一、流畅。

图 3-53　开放式厨房

二、卫生间设计

卫生间是家庭生活设计中个人私密性最高的场所。现代化的卫生间集休闲、保健、沐浴和清洗于一身，在优美的环境中让人的身心得到放松。

卫生间的功能分区主要包括沐浴间、盥洗区域和便池区。沐浴间的标准尺寸是 900 mm×900 mm，可用玻璃或浴帘将其隔成独立空间，以便起到隐蔽和防水的作用。沐浴间常见的有长方形、正方形和半圆形三种。在沐浴间内还应设置毛巾架、洗浴用品放置架等五金构件。沐浴间也常有浴缸，浴缸的常见尺寸为 1 500 mm×700 mm。现代沐浴间也常设置大型的按摩浴缸、光波浴缸等。盥洗区域包括洗手台、洗手盆、水龙头、毛巾架、化妆镜、镜前灯等。洗手台高度为 750 ～ 800 mm，单个洗手台的尺寸一般为 1 200 mm×600 mm。洗手盆可选择面盆和底盆两种形式。洗手台台面和洗手盆常用的材料为玻璃和天然石材，其防水效果好，透明感和清凉感强。便池区设置坐便器和小便器，其宽度应不小于 750 mm。

卫生间设计时应尽量采用防水、防滑和防潮的材料，整体色调以素雅的灰、白色为主，以营造出宁静、简约的环境。由于在卫生间内活动时皮肤裸露较多，因此要求卫浴洁具尽量采用光滑、圆角的设计，避免擦伤和划伤皮肤。如果空间条件允许可布置绿化，这样可以使沐浴环境更加自然、休闲。卫生间的墙面多为瓷砖，可在腰线处布置花瓷砖以减少单调感。卫生间的照明亮度要求不高，可采用间接照明。卫生间设计如图 3-54 和图 3-55 所示。

图 3-54　卫生间设计（1）

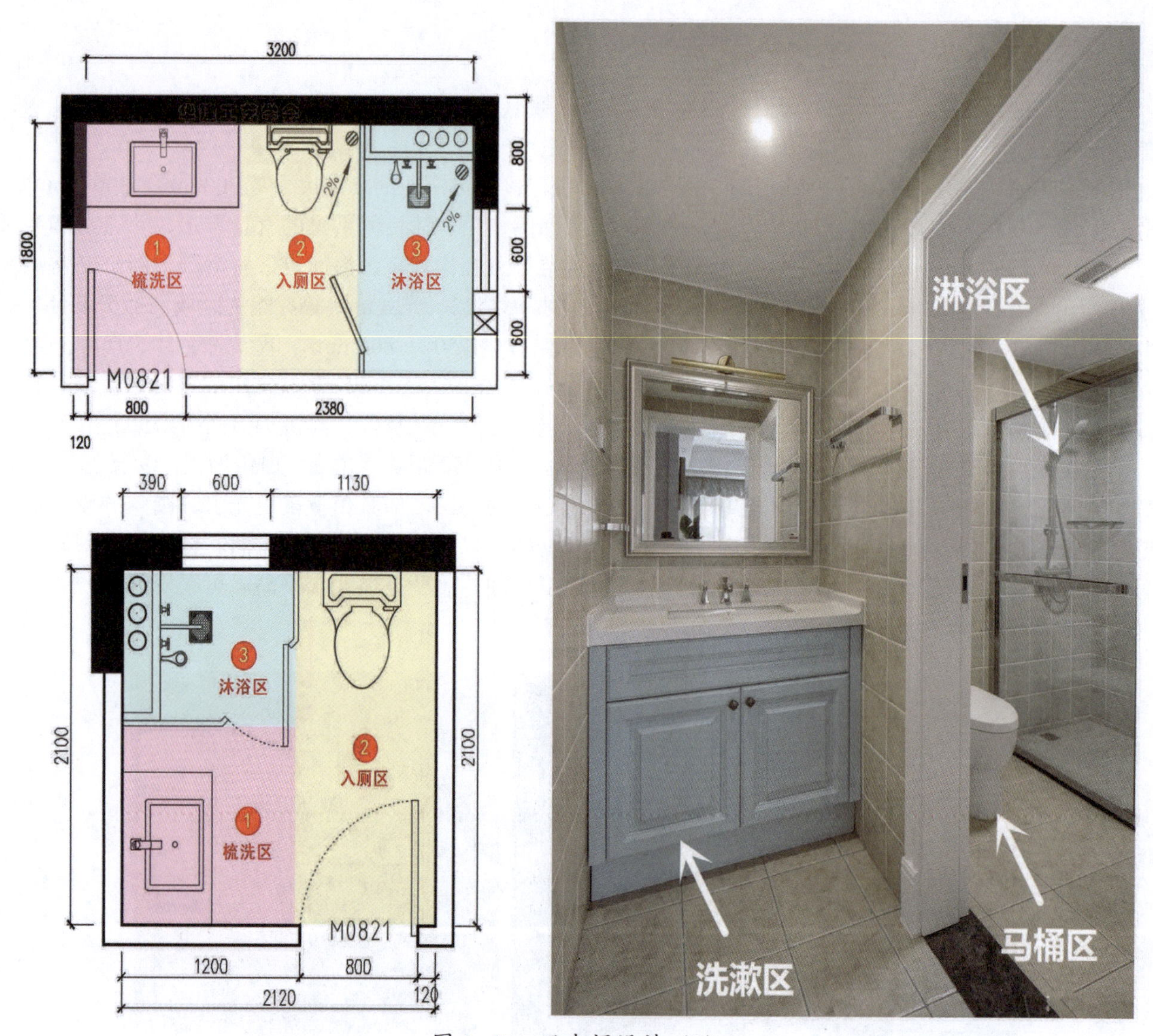
3200
梳洗区
入厕区
沐浴区
M0821
800
2380
120
1800
800
600
600
390
600
1130
2100
2100
1200
800
2120
120
淋浴区
洗漱区
马桶区

图 3–55　卫生间设计（2）

第四章

商业空间设计

第一节　办公空间设计

图片欣赏

一、办公空间的分类

办公空间按使用性质可分为：政府行政办公空间，企事业办公空间，商业贸易公司办公空间，邮政和电信公司办公空间，金融、证券和投资公司办公空间，科研机构办公空间，设计及咨询机构办公空间，计算机及信息服务机构办公空间等。

办公空间按办公模式可分为：金字塔形办公模式，如行政办公机构；流水线型办公模式，如银行金融系统机构；综合型办公模式，如社会保险办公机构。

二、办公空间的功能构成

各类办公空间的功能构成主要有以下几个部分。

（1）主要办公空间：办公空间的核心，分为小型办公空间、中型办公空间和大型办公空间三种。小型办公空间私密性和独立性较好，面积为 40 m^2 左右，适合一些专业管理型的办公方式；中型办公空间对外联系方便，内部联系密切，面积为 50 ～ 150 m^2，适合一些组团型的办公方式；大型办公空间既有一定的独立性又有较为密切的联系，各部分的分区相对灵活自由，面积在 150 m^2 以上，适合各个组团共同作业的办公方式。

（2）公共接待空间：用于办公楼内进行聚会、展示、接待和会议等活动需求的空间，包括接待室、会客室、会议室及各类展示厅、资料阅览室、多功能厅等。

（3）交通联系空间：用于联系办公楼内交通的空间，分为水平交通联系空间和垂直交通联系空间。水平交通联系空间指门厅、大堂、走廊和电梯间等空间；垂直交通联系空间指电梯、楼梯和自动扶梯等。

（4）配套服务空间：指为主要办公空间提供服务的辅助空间，包括资料室，档案室、文印室、计算机机房、晒图室、员工餐厅、茶水间、卫生间、电梯机房、保卫监控室、后勤管理办公室等。

三、办公空间设计

1. 办公室的基本布置类型

1）小单间办公的布置

该类办公室面积一般较小，配置设施较少，空间相对封闭，办公环境安静，干扰少，但同其他办公组团联系不便。其典型形式是由走道将大小近似的中、小空间结合起来，通常有传统的间隔，还可根据需要把大空间重新分隔为若干小单间办公室。

2）中、大型敞开式办公室的布置

该类办公室面积较大，空间宽敞且无封闭分隔，各员工的办公位置根据工作流程组合在一起，各工作单元及办公组团内联系密切，办公设施及设备较为完善，工作效率高。该类办公室交通面积较少，存在一定的相互干扰问题。其布局形式按几何形式整齐排列。

3）单元型办公室的布置

该类办公室一般位于商务出租办公楼中，其室内空间按办公的需要可分隔成接待区、大小不同的办公区和会议室等。该类办公室在设计上往往具有强烈的个性特征，能充分展现公司的形象。

4）公寓型办公室的布置

该类办公室是类似公寓单元的办公组合方式，其主要特点是将办公、接待和生活服务设施集中安排在一个独立的单元中。该类办公室具有公寓（居住）及办公（工作）的双重特征，除办公区、接待会议区、茶水间和卫生间外，还配有卧室和其他空间。

2. 办公室的面积使用要求

办公室的使用面积应包括各工作部门员工的办公设备、资料柜、文件柜和不同部门之间的通道，以及来访客人的座谈处和咨询处等。办公室所需使用面积可按如下面积指标设计：

① 最高级主管人员 30 ～ 60 m^2/ 人；

② 初级主管人员 9 ～ 20 m^2/ 人；

③ 管理人员 8 ～ 10 m^2/ 人；

④ 使用 1.5 m 办公桌的工作人员 5 m^2/ 人，使用 1.4 m 办公桌的人员 4.5 m^2/ 人，使用 1.3 m 办公桌的工作人员 4 m^2/ 人。

另外，当工作人员的办公桌并排排列时，可节约出许多空间，这些节约出的空间可以用于增加档案柜和桌边椅。使用 L 形的家具作为工作桌较标准办公桌有更多的工作面。

3. 办公空间设计时应注意的问题

办公空间设计的宗旨是创造一个良好的办公环境。一个成功的办公空间设计，需要认真考虑平面功能布置、采光与照明、空间界面处理、色彩的选择、家具与空间氛围的营造等问题。具体如下。

（1）平面功能的布置应充分考虑家具及设备的尺寸，以及人员使用家具及设备时必要的活动尺度。

（2）合理安排通风管道及空调系统，满足人工照明和声学方面的要求。办公空间的室内净高一般为 2.4 ～ 2.6 m，使用空调的办公空间不低于 2.4 m。智能化办公空间净高为：甲级 2.7 m，乙级 2.6 m，丙级 2.5 m。

（3）办公空间室内界面处理宜简洁、大方，着重营造空间的宁静气氛。应考虑到便于各种管线的铺设、更换、维护和连接；隔断屏风不宜太高，要保证空间的连续性。

（4）办公空间的室内色彩设计宜朴素、淡雅；各界面的材质选择应便于清洁；室内照明一般采用人工照明和混合照明的方式来满足工作的需求。

（5）要综合考虑办公空间的物理环境，如噪声控制、空气调节和遮阳、隔热等问题。

办公空间设计如图 4–1 ～图 4–4 所示。

图 4–1　办公空间设计（1）

图 4–2　办公空间设计（2）

图 4-3　办公空间设计（3）

图 4-4　办公空间设计（4）

第二节　餐饮空间设计

图片欣赏

一、餐饮空间的分类

餐饮空间的经营内容非常广泛，不同的民族、地域和文化，其饮食习惯也不相同。

按经营内容，餐饮空间可分为中式餐厅、西式餐厅、宴会厅、快餐厅、酒吧与咖啡厅、风味餐厅和茶室等。

按经营性质，餐饮空间可分为营业性餐饮空间和非营业性餐饮空间。营业性餐饮空间指各式餐馆、酒楼和茶室。其顾客性质和营业时间不固定，供应方式为服务员送餐到位和自助；非营业性餐饮空间指机关、学校和厂矿等企事业单位设置的员工食堂、学生餐厅等，其就餐人数和时间相对固定，供应方式多为自购或自取，服务员较少。

按规模大小，餐饮空间可分为小型餐饮空间、中型餐饮空间和大型餐饮空间。小型餐饮空间指 100 m^2 以内的餐饮空间，功能较简单，主要着重于室内气氛的营造；中型餐饮空间指 100 ～ 500 m^2 的餐饮空间，功能较复杂，除了加强环境气氛的营造，还要进行功能分区、流线组织和界面围合处理；大型餐饮空间指 500 m^2 以上的餐饮空间，功能复杂，特别注重功能分区和流线组织，并且由于经营管理的需要，一般还需设置可灵活分隔空间的隔扇、屏风和折叠门等，以提高使用率。

二、餐饮空间设计时应注意的问题

（1）餐饮空间的面积可根据餐厅的规模与级别来综合确定，一般按 1.0 ～ 1.5 m^2/ 座来计算。餐厅面积指标的确定要合理，指标过小，会造成拥挤、堵塞；指标过大，会造成面积浪费、利用率不高和增大工作人员的劳动强度等问题。

（2）营业性的餐饮空间应有专门的顾客出入口、休息厅、备餐间和卫生间。

（3）就餐区应紧靠厨房，但备餐间的出入口应处理得较为隐蔽，同时还要避免厨房气味和油烟进入就餐区。

（4）顾客用餐活动路线与送餐服务路线应分开，避免重叠；同时还要尽量避免主要流线的交叉，送餐服务路线不宜过长（最大不超过 40 m），并尽量避免穿越其他用餐空间。在大型的多功能厅或宴会厅应以备餐廊代替备餐间，以避免送餐路线过长。

（5）在大型餐饮空间中应以多种有效的手段（如绿化、半隔断屏风等）来划分和限定各个不同的用餐区，以保证各个区域之间的相对独立和减少相互干扰。

（6）餐饮空间设计应注意装饰风格与家具、陈设及色彩的协调。地面应选择耐污、耐磨、易于清洁的材料。

（7）餐饮空间设计应创造出宜人的空间尺度、舒适的通风和良好的采光。

三、餐饮空间环境气氛的营造

1. 色彩

餐饮空间的色彩多采用暖色调，以达到增进食欲的目的。不同风格的餐饮空间其色彩搭配也不尽相同。中式餐饮空间常用熟褐色、黄色、大红色和灰白色，营造出稳重、儒雅、温馨、大方的氛围；西式餐饮空间多采用粉红、粉紫、淡黄、赭石色和白色，有些高档西餐厅还施以描金，营造出优雅、浪漫、柔情的氛围；自然风格的餐饮空间多选用天然材质，如竹、石、藤等，给人以自然、休闲的氛围。

2. 光环境

餐饮空间的光环境大多采用白炽光源，极少采用彩色光源。这是由于白色光源具有较强的显色性，可以更好地突出食物的颜色。餐饮空间的照明可以分为以下三类。

（1）直接照明光。直接照明光的主要功能是为整个餐饮空间提供足够的照度。这类光可以由吊灯、吸顶灯和筒灯来实现。

（2）反射光。反射光主要是为衬托空间气氛、营造温馨浪漫的情调而设置的。这类光主要由各类反射光槽来实现。

（3）投射光。投射光的主要功能是用来突出墙面重点装饰物和陈设品。这类光主要由各类射灯来实现。

3. 陈设

室内陈设也是餐饮空间设计的重要环节。室内陈设品包括字画、雕塑和工艺品等，应根据设计需要精心挑选和布置，营造出空间的文化氛围，增加就餐的氛围。

4. 绿化

绿化是餐饮空间设计中必不可少的内容，它可以为整个餐饮空间带来清新、舒适的感觉，增强空间的休闲效果。

5. 室内景观

在餐饮空间中，为了表达某个主题，经常设计一些带有某种寓意或情调的景观，用以活跃空间气氛。

餐饮空间设计如图 4–5 ～图 4–14 所示。

图 4–5　中式餐厅设计（1）

图 4-6　中式餐厅设计（2）

图 4-7　西式餐厅设计

图 4-8　宴会厅设计

图 4-9　快餐厅设计

图 4-10　咖啡厅设计

图 4-11　自然风格餐厅设计

图 4-12　餐厅设计（1）

图 4-13　餐厅设计（2）

图 4-14 餐厅包房设计

第三节　娱乐空间设计

图片欣赏

娱乐空间包括夜总会、舞厅、KTV 包房和酒吧等，是人们工作之余休闲和娱乐的场所。下面从舞厅和 KTV 包房两种空间的设计来阐述娱乐空间的设计方法。

一、舞厅设计

1. 舞厅的类型及特点

舞厅从功能上可分为交谊舞厅、迪斯科舞厅和卡拉 OK 舞厅。交谊舞厅主要满足歌舞表演和跳交谊舞的需要，有较大的舞池和宽松的休息区，装饰风格端庄典雅，造型规整大方；迪斯科舞厅是现代社会较流行的一种刺激性较强的舞厅，其布局灵活多变，风格现代、时尚，造型和色彩夸张、怪异；卡拉 OK 舞厅以视听为主，主要满足表演和自娱自乐的需要，装饰风格简约、自然。

2. 舞厅的功能与布局

舞厅主要由歌舞表演区、休闲区、服务区和办公区四个区域组成。其中，表演区和休闲区是舞厅的主体，占据较大面积，使用功能要求高，是舞厅设计的重点。舞厅的功能分析如图 4–15 所示。

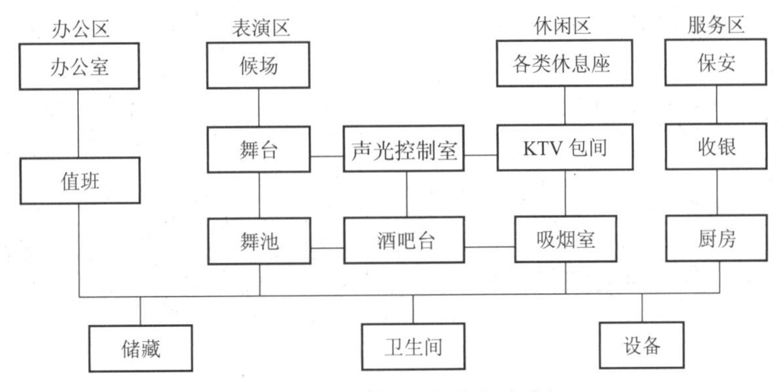

图 4–15　舞厅的功能分析

舞厅的布局主要由四个因素决定：一是原建筑的形状、大小和结构；二是舞厅本身的功能需求；三是舞厅的类别；四是舞厅的风格。这些因素决定了舞厅的布局可设计丰富多彩的形式。

3. 舞厅的空间设计

1）舞台和舞池的设计

舞厅以交谊舞、迪斯科等娱乐活动为主，有时也举行一些唱歌、乐器演奏、舞蹈和时装表演。舞台和舞池是进行这些活动的主要区域，是舞厅吸引消费者的主要场所。舞台与舞池紧密相连，舞台的朝向和面积决定了舞池的大小和方位，而舞池的形状和大小又影响着休闲区和服务区的布置形式。因此，舞台与舞池的布置是舞厅设计的关键。

舞台与舞池的形状和造型灵活多变，色彩鲜艳、刺激，材料时尚、新颖。其形式主要有升降式、旋转式和交错式等。舞台与舞池的灯光设计尤为重要，色彩艳丽并具有激光效果的灯光，是营造舞厅气氛的重要手段。

2）休闲区设计

休闲区是消费者观赏歌舞、交谈休息和喝茶饮酒的区域。该区域要求相对独立，具有一定的私密性，可通过座椅的局部围合来实现，也可运用简易的隔断来划分。同时，休闲区要求视线良好，不要有太多阻碍，设计时一般将休闲区布置在舞台和舞池的周边。休闲区的座位一般用半圆形的休闲椅，座位中间设置茶几。

3）声光控制室设计

声光控制室也称 DJ 室，是控制舞厅光线和音响效果的场所，起着调节舞厅气氛的作用。舞厅布置时应注意 DJ 室的位置选择，保证 DJ 室能较全面地观察到舞池，从而能根据现场情景及时调整音响和灯光效果。

4）酒吧台设计

舞厅中所设的酒吧台，主要为消费者提供酒水和饮料。考虑到营业和消费的方便，一般设在入口或休闲区附近。

酒吧台的形状常见的有单边形、L 形和 S 形等，也可以设计出许多有趣的形状，如船形、吉他形等。

舞厅设计如图 4–16 ～图 4–21 所示。

图 4–16　舞厅舞池设计

图 4–17　舞厅酒吧台设计

图 4-18　舞厅手绘图设计

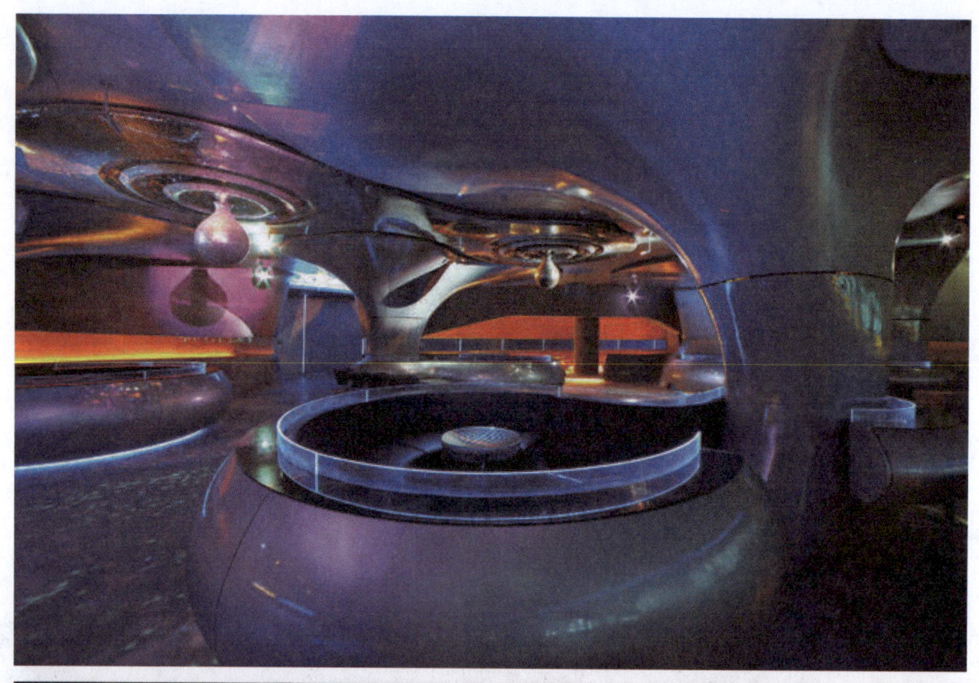

图 4-19　舞厅休闲区设计

图 4-20　舞台设计（1）

图 4–21　舞台设计（2）

二、KTV 包房设计

KTV包房是人们唱卡拉OK的场所，主要功能是满足人们自唱自娱的需要。包房内主要有沙发座、茶几、电视、音箱、投影机等设施。KTV 包房的面积一般在 15 m^2 左右，最小不小于 10 m^2，包房的大小主要由人数和消费档次决定。较大面积的 KTV 包房设有小舞池、演唱区、娱乐区和休息区等。

KTV 包房的装饰风格多样，有欧式古典风格、后现代风格和超现代风格等，装饰材料多用墙纸、地毯、石材、玻璃和金属。KTV 包房的照度一般不宜太高，通常采用低照度的局部照明。

KTV 包房设计如图 4–22 ～图 4–24 所示。

图 4–22　KTV 包房设计（1）

图 4-23　KTV 包房设计（2）

图 4-24　KTV 包房设计（3）

参考文献

[1] 贡布里希 . 艺术发展史 . 范景中，译 . 天津：天津人民美术出版社，2006.
[2] 王受之 . 世界现代建筑史 . 北京：中国建筑工业出版社，1999.
[3] 王受之 . 世界现代设计史 . 广州：广东新世纪出版社，1995.
[4] 陈志华 . 室内设计发展史 . 北京：中国建筑工业出版社，1979.
[5] 陈易 . 室内设计原理 . 北京：中国建筑工业出版社，2006.
[6] 邱晓葵 . 室内设计 . 北京：高等教育出版社，2002.
[7] 张绮曼，郑曙阳 . 室内设计资料集 . 北京：中国建筑工业出版社，1991.
[8] 李朝阳 . 室内空间设计 . 北京：中国建筑工业出版社，1999.
[9] 来增祥，陆震伟 . 室内设计原理 . 北京：中国建筑工业出版社，1996.
[10] 霍维国，霍光 . 室内设计原理 . 海口：海南出版社，1996.
[11] 李泽厚 . 美的历程 . 天津：天津社会科学院出版社，2001.
[12] 史春珊，孙清军 . 建筑造型与装饰艺术 . 沈阳：辽宁科学技术出版社，1988.
[13] 汤重熹 . 室内设计 . 北京：高等教育出版社，2003.
[14] 朱钟炎，王耀仁，王邦雄，等 . 室内环境设计原理 . 上海：同济大学出版社，2004.
[15] 许亮，董万里 . 室内环境设计 . 重庆：重庆大学出版社，2003.
[16] 尹定邦 . 设计学概论 . 长沙：湖南科学技术出版社，2004.
[17] 席跃良 . 设计概论 . 北京：中国轻工业出版社，2006.